Prasann Kumar
Padmanabh Dwivedi

Remediação da toxicidade do cádmio no sorgo assistida por micorriza

Prasann Kumar
Padmanabh Dwivedi

Remediação da toxicidade do cádmio no sorgo assistida por micorriza

ScienciaScripts

Imprint

Cover image: www.ingimage.com

This book is a translation from the original published under ISBN 978-3-330-33279-9.

Publisher:
Sciencia Scripts
is a trademark of
Dodo Books Indian Ocean Ltd. and OmniScriptum S.R.L publishing group

120 High Road, East Finchley, London, N2 9ED, United Kingdom
Str. Armeneasca 28/1, office 1, Chisinau MD-2012, Republic of Moldova, Europe
Managing Directors: Ieva Konstantinova, Victoria Ursu
info@omniscriptum.com

Printed at: see last page
ISBN: 978-620-8-57129-0

ÍNDICE

INTRODUÇÃO

A privação de recursos aceites é talvez um dos erros mais mortais que a humanidade já cometeu na sua caminhada para o progresso e a civilização. Todos os recursos naturais estão contaminados por desvios mortais. Os mais afectados são os recursos terrestres e aquáticos, que estão sujeitos a pressões permanentes, tanto bióticas como abióticas, em resultado da intervenção humana. Quando falamos da alma da vida infinita, ou seja, o solo, este parece ser o principal recetor de uma multiplicidade de resíduos e produtos químicos utilizados na sociedade moderna. A contaminação do solo pode ser definida como a adição de substâncias ao solo que podem ter um efeito negativo no seu funcionamento e capacidade produtiva. A contaminação por metais pesados é particularmente preocupante, uma vez que existem relatórios bem conhecidos, tanto na Índia como no estrangeiro. Tanto nos seres humanos como nos animais, existem várias doenças e perturbações devidas à toxicidade dos metais, incluindo o mercúrio, o cádmio, o chumbo, o crómio, o arsénio, o níquel, etc. Todos estes elementos são mais ou menos tóxicos. Todos estes elementos são mais ou menos tóxicos para os seres humanos e outros animais. O cádmio é extremamente tóxico, causando doenças cardíacas e renais e ossos frágeis; o Cr, o Ni e o Pb são moderadamente tóxicos, causando mutações, cancro do pulmão, convulsões e danos cerebrais, bem como algumas doenças mais fatais. Testámos diferentes espécies de plantas quanto à sua capacidade de absorver metais pesados do solo e das lamas e descobrimos que, das plantas testadas, *o Sorghum vulgare* L. está mais bem adaptado a locais contaminados do que outras plantas e pode reduzir a toxicidade dos metais pesados de aterros ou culturas especiais. Em comparação com os poluentes orgânicos, a descontaminação de metais tóxicos em matrizes porosas (solos e sedimentos) exige uma abordagem especial, uma vez que os metais não podem ser mineralizados e devem, por conseguinte, ser removidos. A lavagem do solo é um método bem conhecido que utiliza vários agentes de extração química. No entanto, este método só pode ser aplicado aos solos depois de estes terem sido escavados, ao contrário da lavagem do solo, um método para remediar os solos in situ (Mulligan et al., 2001b). No entanto, estes dois métodos de correção do solo só são adequados para a contaminação pontual. A contaminação de outras fontes, ou seja, concentrações moderadas de metais mas uma grande superfície contaminada, está menos bem estudada. Normalmente, muitos solos agrícolas são afectados por este tipo de contaminação, que se deve à aplicação repetida de fertilizantes e pesticidas que contêm vestígios de metais em concentrações variáveis, bem como à deposição atmosférica. As concentrações de metais são mais baixas do que nas zonas industriais, mas por vezes suficientemente elevadas para representar um risco para o ambiente e para os seres humanos através da cadeia alimentar. Além disso, a contaminação de fontes não pontuais pode ser transformada em fontes pontuais por fenómenos de concentração que dependem de vários parâmetros, como o tipo de metal (Bubb et al., 1991; Santschi et al., 1997; Nguyen et al., 2005; Amaraneni 2006). A fitoextracção é uma das tecnologias actuais, vulgarmente conhecida como "cura verde" ou "fitoremediação". Esta tecnologia é atualmente considerada reservada à poluição de fontes não pontuais. Esta tecnologia pode ser utilizada para eliminar concentrações muito baixas de poluentes presentes no solo. Testámos a tolerância da planta de sorgo e descobrimos que pode tolerar 1500ppm de toxicidade de cádmio (Figuras 1, 2, 3 & 4).

Fig.l

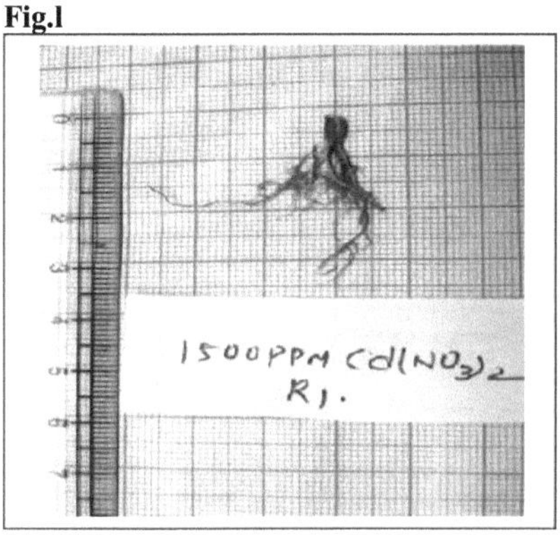

Fig. 2

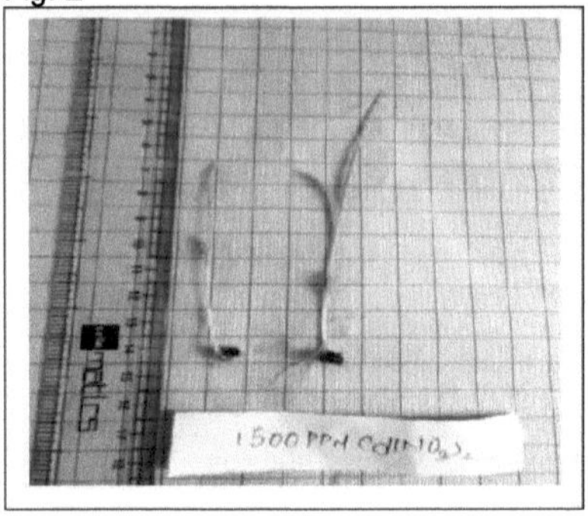

(Fonte: fotografias de Prasann Kumar, 2015, não publicadas)

Fig. 3

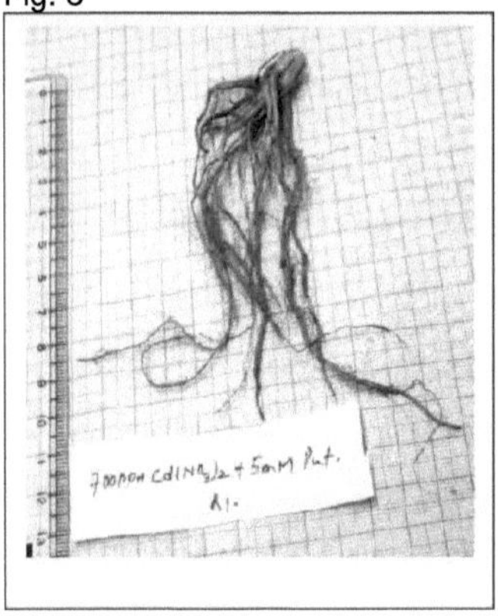

Fig. 4

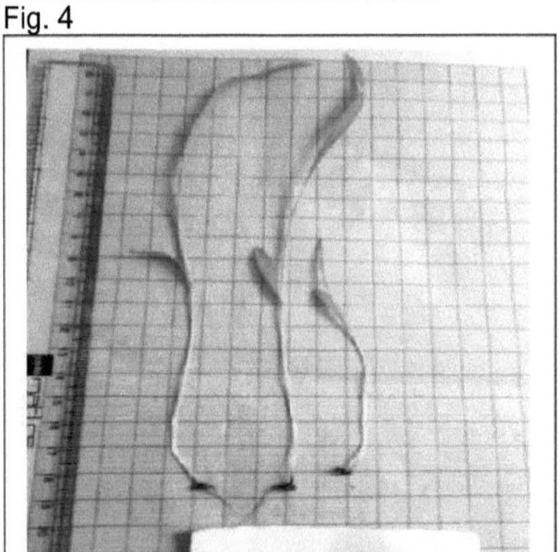

(Fonte: fotografias não publicadas de Prasann Kumar, 2015)

Onde

Fig. 1= Raízes de uma planta de sorgo com um mês de idade cultivada em vasos em solo contaminado com 1500 ppm de nitrato de cádmio.

Fig. 2= Planta de sorgo no estádio de duas folhas cultivada em vasos em solo contaminado com 1500 ppm de nitrato de cádmio.

Fig. 3= Raízes de uma planta de sorgo com um mês de idade cultivada em vasos em solo contaminado com 700 ppm de nitrato de cádmio.

Fig. 4= Planta de sorgo no estádio de duas folhas cultivada em vasos em solo contaminado com 700 ppm de nitrato de cádmio.

Estes resultados indicam que, se a planta for cultivada em zonas industriais onde a toxicidade do cádmio é um dos principais problemas, será certamente eficaz. A fitorremediação é uma abordagem ecológica para eliminar a contaminação dos solos agrícolas. Após o tratamento, a saúde do solo melhora, ajudando a manter a produção agrícola. Quando se tem em conta o custo do tratamento, este é geralmente menos dispendioso do que os métodos físicos (Glass 2000). A fitoremediação tem uma série de limitações: [1] a pequena espessura de solo que pode ser tratada pelas plantas depende da profundidade de colonização, que geralmente não excede meio metro; [2] a baixa taxa de translocação de metais das raízes para os rebentos. Além disso, a principal limitação é a lentidão do tratamento (Baker et al., 2000), uma consequência da baixa disponibilidade de metais num dado momento. Considera-se que o prazo razoável para a despoluição é inferior a cinco anos (Khan et al., 2000), ao passo que a limpeza do solo demora geralmente muito mais tempo (Baker et al., 2000; Dickinson e Pulford 2005). A fim de aumentar a concentração de metais perigosos e tóxicos durante a remoção das plantas, já foram utilizados vários agentes quelantes sintéticos, como o ácido dietilenotriaminopentacético (DTPA) e o ácido etilenodiaminotetracético (EDTA). Infelizmente, a biodegradabilidade destes compostos é bastante baixa ou pode ser considerada como um dos factores limitantes (Lombi et al., 2001), e podem ser tóxicos para as plantas, os microrganismos (biomassa e diversidade) e os nemátodos presentes no solo (Lasat 2002; McGrath et al., 2002; Romkens et al., 2002; Bouwan et al., 2005). Quando pensamos na saúde do solo no endereço, esta é, sem dúvida, uma das ameaças. Além disso, foi demonstrado que o EDTA mobiliza o Pb mais rapidamente do que as plantas (Shen et al., 2002; Chen et al., 2004), daí o risco de lixiviação do Pb para o solo, sugerindo que as plantas não são capazes de extrair grandes quantidades de metais num curto espaço de tempo (Barona et al., 2001). Por último, estes compostos são dispendiosos em termos da quantidade aplicada por hectare (Barona et al., 2001). Uma alternativa possível consiste em otimizar a ação sinérgica das plantas e dos microrganismos (Glick 2003), associando a fitoextracção à bioaumentação do solo, também conhecida por rizodegradação (Kuiper et al., 2004) (Figura 5). Esta técnica tem sido amplamente desenvolvida para a descontaminação de solos contaminados por poluentes orgânicos (Barac et al., 2004; van Aken et al., 2004), mas não para metais. Globalmente, a absorção de metais pelas plantas pode ser melhorada através de duas abordagens harmonizadas: [1] aumento da mobilidade dos metais nos solos e sedimentos, levando a concentrações mais elevadas de metais nas plantas. Neste contexto, devemos certamente mencionar os microrganismos que produzem bio-surfactantes (Herman et al., 1995; Mulligan et al., 1999, 2001a), sideróforos (Diels et al., 1999; Dubbin e Louise Ander, 2003) e ácidos orgânicos (Di Simine et al., 1998; Majewska e Kurek, 2005). Estes compostos são tratados como quelantes naturais que se combinam com compostos coordenados organometálicos formadores de metais e/ou [2] aumentam a biomassa das plantas através da combinação com rizobactérias promotoras do crescimento das plantas (PGPR) (Zhuang et al., 2007) e/ou fungos micorrízicos arbusculares (AMF) (Khan 2006). No caso do sorgo, utilizámos fungos *Glomus* EM para melhorar a absorção de cádmio de solos contaminados e os resultados foram significativos.

Figure 5: Phytoremediation approach for removal of contaminated soils

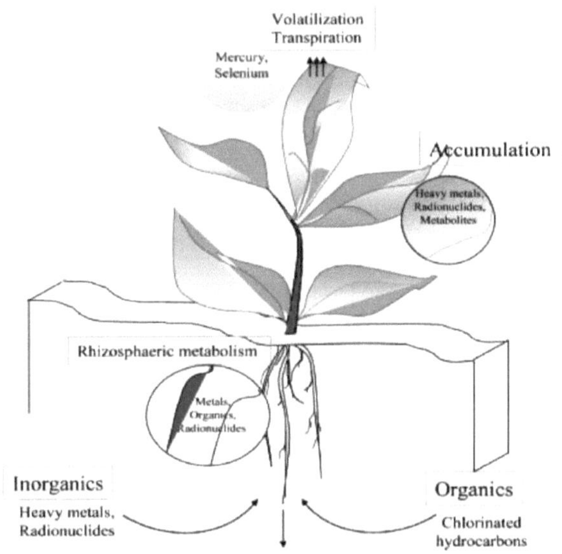

(Source: visionlearning.com)

Capítulo 1

MECANISMOS DE EXTRACÇÃO DE METAIS DO SOLO POR PLANTAS ASSISTIDAS POR MICRORGANISMOS

Alguns microrganismos reduzem a toxicidade dos metais nas plantas [1] reduzindo a acumulação de metais nas plantas, enquanto outros aumentam a quantidade de metais extraídos pelas plantas, ou [2] aumentando quer a biomassa das plantas (efeitos de diluição) quer a concentração de metais acumulados nas plantas. Os microrganismos limitam-se a minimizar o stress causado pela acumulação de metais em excesso nas plantas.

Aumento da acumulação de metais pelas plantas

$$+ \, Increase \; in \; Biomass \; of \; plant = \frac{1}{Concentration \; of \; metals \; per \; unit \; biomass}$$

[Source: Drawn by the authors, unpublished, 2016]

[A] Biodisponibilidade dos metais

A baixa disponibilidade de metais na solução do solo é um dos principais factores que explicam a reduzida quantidade de metais extraídos do solo pelas plantas. Em geral, eles representam menos de 1% do conteúdo total de metais do solo (Whiting et al., 2001; Braud et al., 2006b), e o grau de disponibilidade é influenciado por várias propriedades físicas e químicas do solo, como pH, CEC e matéria orgânica (Kayser et al., 2001). Efeitos positivos são observados quando utilizamos a bioaumentação do solo. Isto deve-se à presença de uma maior quantidade de metal na solução do solo. Braud et al (2006b) mostraram que a utilização de *Pseudomonas aeruginosa* e *Pseudomonas fluorescens* para remediar metais pesados, nomeadamente o chumbo, aumenta a concentração de chumbo disponível na solução do solo em 11,3%. A remediação é assim naturalmente reforçada pela bio-augmentação vegetal. A ligação do chumbo ao Fe-

Óxidos de Mn e matéria orgânica. Abou-Shanab et al (2006) mostraram que o Ni extraível com *Microbacterium arabinogalactanolyticum* aumentou a concentração de

Ni no solo por um fator de até 15. A disponibilidade do metal é também influenciada pela natureza do próprio metal e pelas propriedades físico-químicas do solo. O pH é inversamente proporcional à disponibilidade de metais no solo, enquanto a acidez apresenta uma relação positiva com a disponibilidade de metais. Num solo bio-aumentado pelo fungo ecomicorrízico *Paxillus involutus*, a concentração de Cd, Cu, Pb e Zn $_{\text{extraível por NH4NO3}}$ foi, respetivamente, 1,22, 1,11, 1,33 e 1,33 vezes superior à de um solo não bio-aumentado, dependendo da composição do solo (Baum et al., 2006). Os desempenhos microbianos não podem ser comparados entre si, uma vez que os métodos para estimar as fracções biodisponíveis dos metais variam de uma experiência para outra. São utilizados diferentes agentes de extração, tais como água (Chen et al., 2005; Di Gregorio et al., 2006; Wu Q.T. et al, 2006b), $MgCl_2$ (Braud et al., 2006b), NH4NO3 (Baum et al., 2006), DTPA (Chen et al., 2004a; Di Gregorio et al., 2006b), KNO3 (Di Gregorio et al., 2006) e HCl (Wang et al., 2007b). A biodisponibilidade dos metais está mesmo dividida em três grupos diferentes (Cao et al., 2007): metais diretamente solúveis (com água), formas metálicas permutáveis (com KNO3) e formas metálicas complexas ou adsorvidas (com EDTA).

Os sideróforos microbianos, localizados principalmente na rizosfera (Bossier et al., 1988), aumentam a mobilidade do Fe(III) e também de vários outros catiões (Hofte et al., 1993; Diels et al., 2002) (Figuras 7, 8, 9 e 10). A análise de componentes principais (PCA) mostra relações positivas estreitas entre os microrganismos que produzem sideróforos e a quantidade de Cr e Pb na fração permutável (Braud et al., 2006b). Bactérias como *Azotobacter chroococcum* (bactéria fixadora de N), *Bacillus megaterium* (solubilizador de P) e *Bacillus munilaginosus* (solubilizador de K) (Wu Q.T. et al, 2006; Wu S.C. et al, 2006b) e *Bacillus* sp. RJ 16 (Sheng e Xia 2006) podem baixar o pH, provavelmente através da excreção de ácidos orgânicos de baixo peso molecular, o que aumenta a biodisponibilidade de Cd, Pb e Zn (Chen et al., 2005). Foi demonstrado que as concentrações de metais na maioria das fracções extraíveis aumentam durante a bioaumentação (Braud et al., 2000b; Sheng e Xia 2006). Após seis meses, as concentrações de metais acessíveis são ainda mais elevadas no solo bioaumentado do que no solo não bioaumentado (Baum et al., 2006), indicando que os microrganismos inoculados permanecem vivos e metabolicamente activos. No entanto, vários outros estudos encontraram a tendência oposta, ou seja, a bioaumentação não tem efeito sobre a especiação de metais, por exemplo, *Glomus caledonium* (Chen et al., 2004a) e *Glomus mosseae* (Citterio et al., 2005) não têm efeito sobre a especiação de Cd e Zn, Cr e Ni, respetivamente (Figura 6). Para confirmar estes resultados, não foi observado qualquer efeito da bioaumentação por estes microrganismos na taxa de fitoextracção.

[B] Extração de metais pelas plantas

Foi demonstrado que a concentração de metais nas plantas é maior ou menor do que no controlo (solo não bioaumentado), dependendo do metal (Bi et al., 2003a; Baum et al., 2006) e/ou da sua concentração no solo (Chen et al., 2003). No entanto, a bioaumentação aumenta quase sempre a taxa de metais extraídos pelas plantas. A morfologia das raízes desempenha um papel importante na bioaumentação de solos contaminados em sítios de resíduos perigosos. Na maior parte das vezes, a concentração de metais é mais elevada nas plantas suportadas por microrganismos do que no controlo (solo não bioaumentado). As bactérias, principalmente PGPR, e os fungos (principalmente AMF) são utilizados como culturas puras ou como co-culturas. Quer o solo seja bioaumentado ou não, a concentração de metais é geralmente mais elevada nas raízes do que nos rebentos, por um fator de mais de 10 na maioria das experiências. Se a concentração de metais acumulados pelas plantas aumenta com a bioaumentação, este aumento é proporcionalmente maior nas raízes do que nos rebentos na maioria dos casos. No entanto, algumas experiências com bactérias (de Souza et al., 1996b) e fungos (Liao et al., 2003; Malcova et al., 2003; Leung et al., 2006) mostram o contrário. As PGPR, tais como *Agrobacterium*, *Alcaligenes*, *Arthrobacter*, *Azospirillum*, *Azotobacter*, *Bacillus*, *Burkholderia*, *Serratia*, *Pseudomonas* e *Rhizobium* (O'Sullivn e O'Gara 1992; Hoflich et al., 1994; Carlot et al., 2002; Glick 2003) são particularmente interessantes para a extração de metais das plantas, uma vez que aumentam tanto o nível de metais acumulados pelas plantas como a biomassa vegetal. As Pseudomonas são conhecidas produtoras de sideróforos, que estão envolvidos na modificação da especiação de metais nos solos. Os sideróforos sintetizados por *P. fluorescens* melhoram a absorção de Fe nos tomates (Duss et al.,

1986), nos cravos e na aveia (Dujiff et al., 1991), no vinho e no milho (Sharma e Johri 2003a, b), eliminando simultaneamente a clorose nos amendoins (Jurkevitch et al., 1988). Um pequeno número de sideróforos hidroxamatos, como a desferrioxamina B, pode formar um complexo com Pb (Dubbin e Louise Ander 2003) e pode promover a absorção de Pb pelas plantas. As PGPR reduzem a toxicidade dos metais através da redução da produção de etileno nas plantas em resposta a metais pesados. Por outro lado, a auxina mais comum, o ácido indol-3-acético (IAA), sintetizado por rizobactérias, demonstrou estar envolvido na absorção de metais. O IAA produzido por *Bacillus subtilis* SJ-101 aumenta a concentração de Ni em *B. juncea* em 1,5 vezes (Zaidi et al., 2006). Em condições hidropónicas, a adição simultânea de EDTA e IAA sintetizada por rizobactérias aumentou a extração de Pb pela planta por um fator de 28 em comparação com um fator de 6 com EDTA (Lopez et al., 2005). Os FMA podem igualmente melhorar a extração de metais pelas plantas, por exemplo o Cd no feijão e no milho (Guo et al., 1996), na luzerna (El-Kherbawy et al., 1989), no trevo (Joner e Leyval 1997) e na soja (Heggo et al., 1990), em função das caraterísticas do solo e do pH de cada solo. Foi demonstrado que a bioaumentação do solo por *Glomus* intraradices tem um efeito na acumulação e translocação de Pb nas plantas, mas este efeito varia consoante a espécie vegetal e a localização do metal nas plantas. Por exemplo, a micorrização reduz a concentração de Pb nas raízes e nas folhas de *Zea mays*, enquanto a concentração de Pb aumenta nas raízes de *Agrostis capillaris* (Malcova et al., 2003).

Figura 6: Escudos protectores contra o excesso de Zn em plantas hiperacumuladoras e não hiperacumuladoras

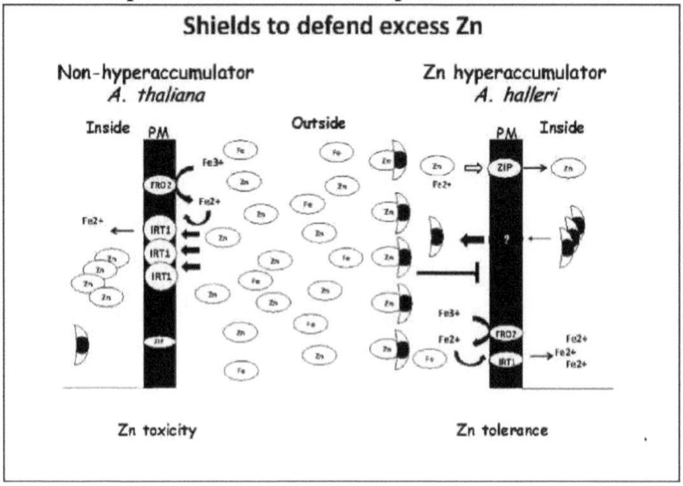

(Fonte: http://en.wikipedia.org/wiki/Image.jpg)

Fig. 7

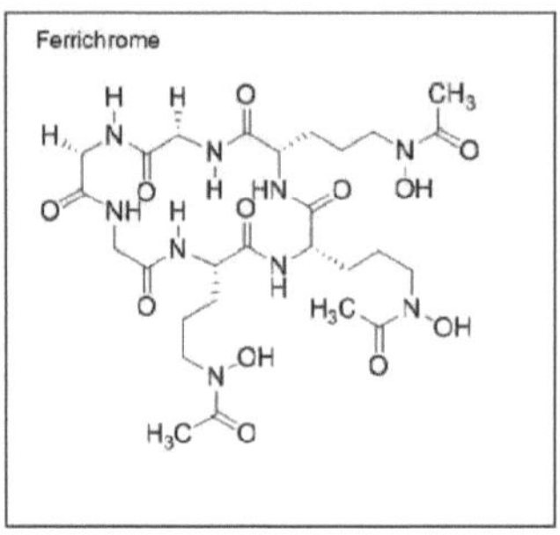

Fig. 8

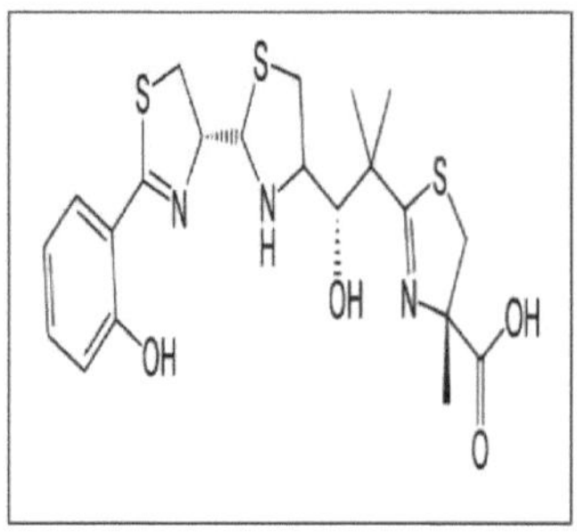

(Source of Fig. 7 & 8: http://en.wikipedia.org/wiki/Image.jpg)

Fig. 9

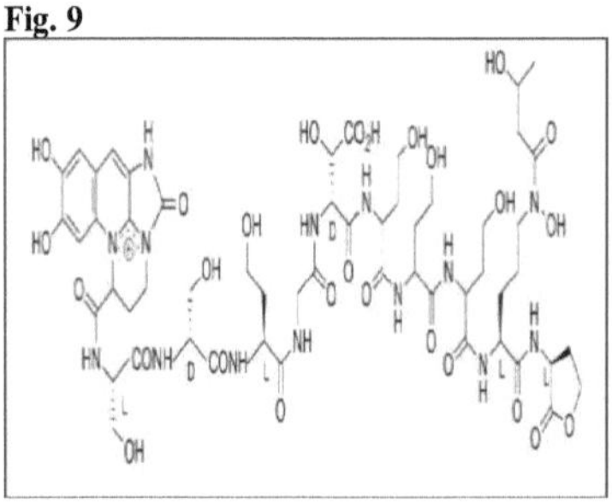

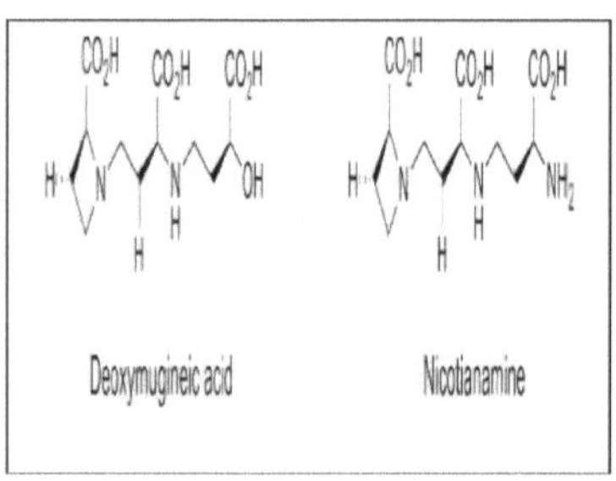

Fig. 10

(Fonte das figuras 9 e 10: http://en.wikipedia.org/wiki/Image.jpg)

onde
Fig. 7= Ferricromo, um sideróforo hidroxamato
Fig. 8= Yersiniabactina, um sideróforo de ligandos mistos
Fig. 9= Azotobactina
Fig. 10=Ácido desoximugínico e nicotianamina

Capítulo 2

OS MICRÓBIOS ASSOCIADOS ÀS PLANTAS MELHORAM A MOBILIZAÇÃO/IMOBILIZAÇÃO DOS METAIS PESADOS

As plantas que crescem em solos contaminados por metais abrigam um grupo diversificado de microrganismos (Idris et al., 2004; Zarei et al., 2008, 2010) (Quadro 1) que são capazes de tolerar concentrações elevadas de metais e oferecem uma série de benefícios tanto para o solo como para a planta. Entre os microrganismos envolvidos na fitorremediação de metais pesados, as bactérias rizosféricas merecem especial atenção, uma vez que podem melhorar diretamente o processo de fitorremediação, modificando a biodisponibilidade dos metais através de alterações do pH do solo, da libertação de quelantes (ácido orgânico e sideróforos) e de reacções de oxidação/redução (Gadd 2000; Khan et al., 2009; Kidd et al., 2009; Ma et al., 2011a). Do mesmo modo, os fungos micorrízicos tolerantes a metais foram frequentemente registados em hiperacumuladores que crescem em solos poluídos por metais, o que sugere que estes fungos desenvolveram uma tolerância a metais pesados que pode desempenhar um papel importante na fitorremediação do local (Gohre e Paszkowski 2006; Miransari 2011) (Quadro 1).

Quadro 1: Micróbios associados às plantas e respectivos metabolitos/reacções

Microbial metabolites/reactions	**Microorganisms**	**Source of microorganism**	**Microbial effects on metals and /or its uptake by plants**	**References**
BIOSURFACTANT				
Di-rhamnolipid	*Pseudomonas aeruginosa* B52	Oily sludge	Mobilized Cd and Pb	Juwarkar et al., (2007)
Lipopeptide	*Bacillus* sp. J119	Heavy metal contaminated soils in Nanjing, China	Increased in above-ground tissue Cd content in tomato, maize and rape plants.	Shenge et al., 2008a
Rhamnolipids		Microbial type culture collection, Institute of microbial technology. Chandigarh, India	Mobilized Cu	Venkatesh and Vedaraman (2012)

POLYMERIC SUBSTANCES AND GLYCOPROTEIN				
Extracellular polymeric substance or cell wall lipopolysaccharides	*Azotobacter* spp.	Manganese mine spoil dump near Gurgaon, India	Immobilized Cd and Cr and decreased their uptake by *Tritium aestivum*	Joshi and Juwarkar (2009)
Glomalin	*Glomus mosseae*	Sorghum	Immobilized Cu, Pb, and Cd and accumulated metals in a non-toxic form to increase plant fitness and soil quality	Gonzalez-Chavez et al., 2004

OXIDATION AND REDUCTION REACTION

Oxidation	Consortium of sulfur oxidizing bacteria	Rhizosphere of rice	Increased bioavailability of Cu	Shi et al., 2011
Reduction	*Cellulosimicrobium cellulans* KUCr3	Industrial effluents nearby Kolkata, India	Reduced the mobile and toxic Cr(IV) to nontoxic and immobile Cr(III) and decreased Cr uptake by chilli plants	Chatterjee et al., 2009
Reduction	*Stenotrophomonas maltophilia*	Rhizosphere of *Astragalus bisulcatus*	Reduced soluble and harmful Se (IV) to insoluble and unavailable Se (0) and thereby decreased the plant selenium uptake	Di Gregoria et al., 2005

Reduction	*Rhodococcus* sp. TS1, *Delftia* sp. TS33, *Comamonas* sp. TS37, *Delftia* sp. TS41, and *Streptomyces lividans* sp. PSQ 22	National Microbiology Laboratory of Huazhong Agricultural University (TS1, TS33, TS37, TS41) and Fudan University.	Reduced As (VI) to As (III) and enhanced As uptake by *Pteris vittata*	Yang et al., 2012
Oxidation and reduction	Consortium of Fe-reducing and Fe/S oxidizing bacteria (*Acidothiobacillus thiooxidants*)	Acid mine drainage, Bulgaria	Increased the mobility of Cu, Cd, Hg and Zn	Beolchini et al., 2009

ORGANIC ACIDS				
Oxalic acid, Tartaric acid, Formic acid, Acetic acid	*Burkholderia cepacia*	Hunan and Zheijiang Provinces, China	Solubilized ZnO, $ZnCO_3$ and $CdCO_3$	Li et al., 2010
Gluconic and 2-keto gluconic acid	*Pseudomonas aeruginosa* (CMG 823)	Tannery air environment, Karachi, Pakistan	Solubilized ZnO and $Zn_3(PO_4)_2$	Fasim et al., 2003
5-ketogluconic acid	*Gluconacetobacter diazotrophicus*	Culture Collection of Tamil Nadu Agricultural University, Coimbatore, India	Soubilized ZnO, $Zn_3(PO_4)_2$ and $ZnCO_3$	Saravanan et al., 2007
Citric acid	*Pseudomonas fluorescens* Pf-5	Rhizosphere of *Gossyypium* sp.	Fe-oxide/hydroxide goethite (Goe-P)	Hoberg et al., 2005

Oxalic acid (*Aspergillus niger*) and citric acid (*Penicillum bilaiae*)	*A. niger*, *P. bilaiae*	Culture collection of Swedish University of Agricultural Sciences and Orebro University	Soubilised Ni, Cu, Zn and Pb from the contaminated soils	Arwidsson et al., 2010
Malic acid and Citric acid	Oidiodendron maius 091	*V. angustifolium* grown in unpolluted site, Italy	Solubilized Zn from both ZnO and $Zn_3(PO_4)_2$	Martino et al., 2003
Oxalic acid	*Beauveria caledonica*	Lawn soil, United Kingdom	Solubilized Pb from pyromorphite and accumulated the highest water-soluble fraction and total Pb concentration in the mycelium	Martino et al., 2003; Formina et al., 2004

SIDEROPHORS				
Pyoverdine, pyochelin and alcaligin E	*Pseudomonas aeruginosa*, *Pseudomonas fluorescens* and *Ralstonia metallidurans*	Not required	Enhanced Cr and Pb uptake by plants through facilitating their mobilization	Braud et al., 2009b
Desferrioxamine B, desferrioxamine E and coelichelin	*Streptomyces* tendae F4	Uranium mine, Wismut in eastern Thuringia, Germany	Enhanced Cd and Fe uptake by plants through facilitating their mobilization	Dinkpa et al., 2009b
Pyoverdine	*Pseudomonas putida* KNP9	Panki Power Plant, Kanpur, India	Reduced Cd and Pb accumulation in *Phaseolus vulgaris*	Tripathi et al., 2005

Os micróbios associados às plantas podem também imobilizar metais pesados na rizosfera através de reacções de redução de metais. Por exemplo, a inoculação de bactérias resistentes ao Cr *(Cellulosimicrobium cellulans)* em sementes de malagueta verde cultivadas em solos contaminados com Cr(VI) ( ) reduziu a absorção de Cr na parte aérea em 37% e na raiz em 56%, em comparação com controlos não inoculados. Este estudo sugere que as bactérias reduzem o Cr (IV) móvel e tóxico a Cr (III) não tóxico e imóvel no solo.

Redução e oxidação de metais

Certos microrganismos associados às plantas têm o potencial de modificar a mobilidade dos metais pesados através de reacções de oxidação ou redução. A oxidação de metais por micróbios da rizosfera é de particular interesse do ponto de vista da fitoextracção. Por exemplo, foi relatado que as bactérias rizosféricas oxidantes de enxofre melhoram a mobilização de Cu em solos contaminados e a sua absorção pelos tecidos vegetais (Shi et al., 2011). O resultado desta experiência mostrou que as bactérias oxidantes de enxofre baixaram o pH do solo na rizosfera, convertendo o enxofre reduzido em sulfatos, tornando assim o Cu disponível para ser absorvido pelas plantas. Do mesmo modo, Chen e Lin (2001) também referiram que as bactérias oxidantes de Fe/S tinham o potencial de melhorar a biodisponibilidade dos metais no solo através de uma reação de acidificação (Rajkumar, 2012).

Biossorção

Os micróbios associados às plantas também podem contribuir para a absorção de metais pelas plantas através de mecanismos de biossorção (Rajkumar, 2012). A biossorção pode ser definida como a adsorção microbiana de metais orgânicos/inorgânicos solúveis/insolúveis através de um processo ativo dependente do metabolismo (Ma et al., 2011a). Vários autores indicaram que o mecanismo de biossorção bacteriana é responsável pela diminuição da absorção de metais pelas plantas. Madhaiyan et al (2007) observaram que a inoculação com as bactérias fixadoras de metais *Magnaporthe oryzae* e *Burkholderia sp.* reduziu a acumulação de Ni e Cd em raízes e rebentos de tomate. Estes estudos sugerem que as bactérias fixadoras de metais podem reduzir a biodisponibilidade dos metais e/ou limitar a sua entrada nas raízes/brotos das plantas (Rajkumar, 2012). Os fungos micorrízicos também podem atuar como uma barreira de filtragem contra a transferência de metais pesados das raízes das plantas para os rebentos (Rajkumar, 2012).

Ensaios em plântulas de pinheiro mostraram que a inoculação com EMFScleroderma citrinum, Amanita muscaria e Lactarius rufus reduziu a transferência de Zn, Cd ou Pb das raízes para os rebentos em comparação com os controlos. Os fungos micorrízicos têm uma grande área de superfície, o que lhes confere uma elevada capacidade de adsorção de metais pesados do solo. Embora estes estudos sugiram que a inoculação de microrganismos ligadores de metais nas plantas poderia ser uma abordagem adequada para a proteção das plantas contra metais pesados e a fitoestabilização de solos poluídos por metais, vários autores indicaram que o mecanismo microbiano de biossorção/bioacumulação não é o único responsável pela redução da acumulação e translocação de metais nas plantas (Babu e Reddy 2011; Vivas et al, 2003). Todos estes relatórios indicam claramente que os microrganismos associados às plantas diferem na sua capacidade de modificar a biodisponibilidade dos metais pesados e a sua absorção pelas plantas através de processos metabólicos de mobilização/imobilização de metais (Rajkumar, 2012). No entanto, a sobrevivência e o potencial de colonização destes micróbios têm uma grande influência na qualidade da acumulação de metais nas plantas que crescem em solos de campo contaminados por metais, uma vez que as propriedades físico-químico-biológicas desfavoráveis do solo, incluindo a toxicidade dos metais, podem afetar as plantas nativas.

Isto deve-se ao facto de as propriedades físico-químico-biológicas desfavoráveis dos solos, como a toxicidade dos metais, as comunidades microbianas nativas, os níveis de pH desfavoráveis, as deficiências de nutrientes, etc., reduzirem a sobrevivência, a atividade e o potencial de colonização dos micróbios inoculados, o que pode eventualmente levar a uma alteração da mobilização e/ou imobilização dos metais (Rajkumar, 2012). Uma vez que cada solo poluído tem um perfil específico, o potencial de absorção de metais pelas plantas pode variar muito em função do metal em causa, da sua concentração, dos parceiros microbianos e do seu potencial de sobrevivência e colonização, da espécie vegetal e das suas condições de crescimento (Rajkumar, 2012). Dado que os micróbios ligados às plantas têm a capacidade de promover o crescimento das plantas e mobilizar/imobilizar metais, há um interesse crescente em como influenciar as interações planta-micróbio em solos contaminados por metais (Aafi et al., 2012; Azcon et al., 2010; Braud et al., 2009b; Dimkpa et al., 2008, 2009a,b; Hrynkiewicz et al., 2012). Os metabolitos/processos microbianos promovem o crescimento das plantas e a mobilização/imobilização de metais in vivo, mas são incapazes de conferir propriedades úteis ao seu hospedeiro em solos contaminados com metais (Rajkumar, 2012). Além disso, o isolamento de um grande número de micróbios associados a plantas e a descrição dos seus metabolitos/processos úteis é moroso, exigindo a análise de mais de milhares de isolados (Rajkumar, 2012). Por conseguinte, é necessária uma investigação molecular intensiva para encontrar um biomarcador específico associado a micróbios úteis para uma fitoremediação microbiana eficaz (Rajkumar, 2012). Uma vez que é necessário que a atividade dos micróbios inoculados apresente propriedades vantajosas para melhorar o crescimento das plantas e o processo global de fitorremediação em solos contaminados por metais, a colonização e a sobrevivência num ambiente de campo contaminado por metais são consideradas factores importantes. Por conseguinte, pode ser importante melhorar os conhecimentos sobre a resistência a vários metais, a sobrevivência e a compatibilidade dos micróbios, a fim de explorar o seu potencial como inoculantes para a fitorremediação (Rajkumar, 2012). No entanto, foram feitos progressos notáveis no reconhecimento do papel dos micróbios associados às plantas na mobilização/imobilização de metais e na utilização destes processos na fitorremediação de metais pesados (Braud et al., 2009b). Esperam-se benefícios adicionais no futuro.

Capítulo 3

FERTILIZANTES ORGÂNICOS

Por despacho de 24 de março de 2006, o Ministério da Agricultura, Departamento de Agricultura e Cooperação, Governo da Índia, Nova Deli, incluiu os biofertilizantes na secção 3 da Lei das Mercadorias Essenciais de 1955 (10 de 1995), no Decreto relativo aos Fertilizantes (Controlo) de 1985. O biofertilizante é um produto que contém microrganismos vivos numa base transportadora (sólida ou líquida), útil na agricultura para fixar o azoto, dissolver o fósforo ou mobilizar nutrientes para aumentar a produtividade do solo e/ou das plantas. A ameaça crescente do crescimento demográfico nos países em desenvolvimento, como a Índia, tem vindo a afetar a produtividade agrícola. A área cultivada está a diminuir à medida que a população aumenta. No entanto, os métodos agrícolas de alta tecnologia utilizados para tentar compensar os efeitos negativos da pressão demográfica sobre a produtividade não só tornaram as terras agrícolas menos produtivas, como também prejudicaram seriamente a dinâmica populacional da microflora do solo. Os microrganismos do solo são essenciais para o fornecimento de minerais às plantas e contribuem para a mineralização da maioria dos macronutrientes, incluindo o enxofre e o fósforo. As plantas superiores não utilizam o azoto molecular diretamente da atmosfera. Certos grupos de bactérias e algas estão envolvidos na transformação do azoto molecular na sua forma assimilável. Os riscos crescentes para a saúde e a poluição dos solos levaram os cientistas a procurar um método não químico de fertilização para aumentar a produtividade das plantas. Assim, foi recomendada a utilização de biofertilizantes em vez de fertilizantes químicos. Segundo Subba Rao (1982), os biofertilizantes são o fornecimento de nutrientes vegetais de origem biológica para o crescimento das plantas. Os biofertilizantes são também designados por "inoculantes microbianos" ou "preparações microbianas". Eles próprios não aumentam diretamente a fertilidade do solo, mas exercem o seu efeito biológico na melhoria das condições dos nutrientes. Na Índia, muito trabalho tem sido feito neste sentido (Venkataraman, 1972; Subba Rao, 1982).

Isto levou à produção em massa de *Rhizobium*, *Azotobacter*, *Cyanobacteria*, *Azospirillum*, bactérias dissolventes de fosfato e VAM.

ESPECIFICAÇÃO DOS BIOFERTILIZANTES

Dois métodos para assegurar o estado do azoto no campo são a bacterificação e a adubação verde, que aumentam a atividade bacteriana no solo.

1. Bacterialização

Esta técnica consiste em tratar as sementes com uma suspensão de bactérias, geralmente *Rhizobium*, *Azotobacter*, *Bacillus*, etc. Foi demonstrado que estas bactérias são activas na rizosfera das plantas e melhoram o crescimento das plantas hospedeiras através da secreção de substâncias promotoras do crescimento e de metabolitos secundários (por exemplo, antibióticos) (Subba Rao, 1982; Dwivedi et al. 1989). Esta prática está muito difundida em países como a Rússia, a República Checa, a Polónia, o Reino Unido e a Índia, onde foi demonstrado um aumento da produtividade do trigo, do milho, da beterraba sacarina, da cevada, da batata, etc., utilizando este método. Os dois principais biofertilizantes bacterianos são o "Azotobacterin", que contém células de *Azotobacter chroococcum*, e o *Phosphaticum*. O rendimento das culturas aumenta em cerca de 20-30% com a utilização destes biofertilizantes no campo.

(A) Fertilizantes biológicos rizobianos: a associação simbiótica fixadora de azoto mais estudada é a que existe entre *Rhizobium* spp. e diversas leguminosas. As células rizobiais infectam os pêlos radiculares e formam um filamento infecioso no interior dos pêlos radiculares, formando nódulos com bacteróides (quadro 2).

Quadro 2: Fertilizante orgânico rizobiano

1	Base	Carrier based or liquid based.
2	Viable cell count	CFU minimum 10^7 cell/g of carrier material or 10^7 cell/ml of liquid material
3	Contamination level	No contamination at 10^5 Dilution.
4	pH	6.5-7.5
5	Particle size in case of carrier based Material	All materials shall pass through 0.15-0.212mm IS sieve.
6	Moisture percent by weight, maximum in case of carrier based	30-40%
7	Efficiency character	Should show effective nodulation on all the species listed on the packet.

Tipo de material de suporte: materiais de suporte como turfa, lenhite, solos turfosos, húmus, carvão vegetal ou qualquer outro material semelhante que favoreça o crescimento de organismos.

Os inóculos de rizóbios podem ser fornecidos do seguinte modo

a) tratamento de sementes com produtos anteriores, como o carvão em pó, e

b) sementeira em linhas, que consiste em misturar os inóculos com estrume para obter grânulos que são depois misturados com as sementes e semeados em linhas com as sementes durante a sementeira. Foi relatado que a inoculação com Rhizobium aumenta o rendimento das leguminosas por simbiose (Rewari, 1985), como mostra o Quadro 3. Nitrogerm", "Rhizoteeka" e "Nodlin" são alguns dos principais fertilizantes orgânicos produzidos a partir de inóculos de rizóbio.

Quadro 3: Aumento do rendimento de grãos das leguminosas através da simbiose rizobiana

Legume crops	Percent increase in grain yield (q/ha) against control
1. Lentil(*Lens culinaris*)	4-26
2. Arhar (*Cajanus cajan*)	3-40
3. Chick pea(*Cicer aeritinum*)	33-67

B) Fertilizante biológico Azotobacter: o processo de produção de inoculantes e de tratamento de sementes com células Azotobacter é o mesmo que o descrito para o *Rhizobium*. A combinação de solo e estrume numa proporção de 1:1 como veículo dá às células bacterianas uma melhor hipótese de sobrevivência. A inoculação de sementes com *Azotobacter chroococcum* e *Bacillus megaterium* (bactérias dissolventes de fosfato) resulta num aumento considerável da matéria seca, do rendimento de grãos e da atividade azotada da raiz (Gaur e Algawadi, 1989). Azotobacterin" é o produto fabricado pelos laboratórios de Tashkent utilizando Azotobacter como inóculo (quadro 4).

1. Base	Carrier based or liquid based
2. Viable cell count	CFU minimum 10^7 cell/g of carrier material or 10^7 cell/ml of liquid material.
3. Contamination level	No contamination at 10^5 dilution
4. Ph	6.5-7.5
5. Particles size in case of carrier based material	All material shall pass through 0.15-0.212mm IS sieve.
6. Moisture percent by weight, maximum in case of carrier based.	30-40%
7. Efficiency character	

Quadro 4: Fertilizantes biológicos Azotobacter

A estirpe deve ser capaz de fixar pelo menos 10 mg de azoto por g de sacarose consumida.

Tipo de substrato: substrato como turfa, lenhite, solo turfoso, húmus, carvão ou qualquer outro material semelhante que favoreça o crescimento do organismo.

C. Azospirillum: estas bactérias encontram-se associadas aos sistemas radiculares de muitas plantas cultivadas, incluindo os produtos hortícolas. Neste tipo de simbiose, as bactérias penetram nas células da casca da raiz ou nos espaços intercelulares da casca. Fixam o azoto numa gama de 10 a 35 kg/ha, o que permite economizar cerca de 20 a 30% na utilização de fertilizantes azotados (quadro 5).

Quadro 5: Fertilizantes orgânicos Azospirillum

1	Base	Carrier based or liquid based
2	Viable cell count	CFU minimum 10^7 cell/g of carrier material or 10^7 cell/ml of liquid material.
3	Contamination Level	No contamination at 10^5 dilution
4	pH	6.5-7.5
5	Particle size in case of carrier based material.	All material shall pass through 0.15-0.212 mm IS sieve.
6	Moisture percent by weight, maximum in case of carrier based	30-40%
7	Efficiency character	Formation of white pellicle in semisolid N-free bromothymol blue media.

Tipo de substrato: - Um substrato como turfa, lenhite, solo turfoso, húmus, carvão ou um material semelhante que favoreça o crescimento do organismo.

D) Bactérias dissolventes de fosfato

Os microrganismos dissolventes de fosfatos, tais como *Pseudomonas* e *Bacillus* (ambos bactérias) e *Penicillium* e *Aspergillus* (ambos fungos), ajudam a transformar os fosfatos insolúveis em fosfatos solúveis e utilizáveis. Os fosfatos são dissolvidos por vários tipos de ácidos orgânicos, como o ácido fórmico, o ácido acético, etc., segregados por estes organismos. Os inóculos destes microrganismos estão disponíveis em pacotes. Podem ser misturados com fertilizantes agrícolas e aplicados no solo. Alguns dos principais produtos disponíveis para dissolver fosfatos são Microphos, Superphos e fosfobactérias (Quadro 6).

Tabela 6: O fosfato é solubilizado por Microphos, Superphos e fosfobactérias.

1.	Base	Carrier based or liquid based.
2.	Viable cell count	CFU minimum 10^7cell/g of carrier material or 10^7 cell/ml.
3.	Contamination level	No contamination at10^5 dilution.
4.	pH	6.5-7.5
5.	Particle size in case of carrier based material	All shall pass through 0.15-0.212 mm sieve
6.	Moisture percent by weight, maximum in case of carrier based	30-40%
7.	Efficiency character	The strain should have the phosphate solublizing capacity in the range of minimum 30% when tested spectrophotometrically. In terms of zone formation, minimum 5mm solublization zone in prescribed media having at least 3mm thickness.

tipo de suporte: o suporte, como ervilhas, lenhite, turfa, húmus, carvão vegetal ou um material semelhante, que favorece o crescimento do organismo

PGPR EM SISTEMAS DE CULTURAS DE SEQUEIRO: CONCEITO E PRÁTICA

PGPR - Definição

O grupo de microrganismos úteis que colonizam as raízes do solo, conhecidos por aumentarem o crescimento e o rendimento das plantas através da supressão de doenças, da fixação do azoto atmosférico, da solubilização/translocação de P, K, Fe e outros nutrientes e da produção de substâncias bioactivas que estimulam a proliferação das raízes, são conhecidos como rizobactérias promotoras do crescimento das plantas (PGPR) ou rizobactérias probióticas (Kloepper et al., 1980) (Hass e Keel, 2003).

Mecanismo do efeito das PGPR

- Fixação biológica do azoto
- Dissolução/translocação de nutrientes
- Controlo das doenças das plantas
- Produção de fitohormonas
- Indução de resistência a factores de stress abiótico

Fixação do azoto

A fixação do azoto está limitada aos procariotas. Algumas eubactérias e arqueobactérias podem fixar azoto - mas nenhuma célula eucariótica pode. Algumas bactérias fixadoras de azoto são de vida livre, enquanto outras formam associações simbióticas com plantas.

BACTÉRIAS FIXADORAS DE AZOTO LIVRE :

A) Anaeróbios obrigatórios, por exemplo, *Clostridium pasteurianum*

b) Os anaeróbios facultativos, por exemplo *a Klebsiella*, um parente próximo da *E. coli.*

c) Bactérias fotossintéticas, por exemplo, *Rhodobacter*

d) Muitas cianobactérias

e) Aeróbios obrigatórios, como Azotobacter

f) Alguns metanogénios

Como a nitrogenase é inactivada pelo o2, a fixação de N2 deve ocorrer, pelo menos localmente, em condições anaeróbias. Para os anaeróbios, isto não constitui um problema. Os organismos facultativos, como as bactérias fotossintéticas púrpuras ou *a Klebsiella*, só fixam N_2 em condições anaeróbias. Outros organismos têm mecanismos de proteção. Na Azotobacter, um aeróbio obrigatório, a concentração de O2 na célula é mantida baixa através do desacoplamento parcial de uma cadeia respiratória muito ativa. Isto leva a um desperdício de hidratos de carbono, mas se o crescimento for limitado pela ausência de compostos azotados, esta situação é aceitável. Nas cianobactérias, o O_2 é efetivamente produzido pela fotossíntese. A fixação do $N(_2)$ tem lugar em células especiais, denominadas heterocistos, que não fazem fotossíntese mas que se dedicam exclusivamente à fixação do N_2.

BACTÉRIAS SIMBIÓTICAS FIXADORAS DE AZOTO

As bactérias simbióticas são protegidas do oxigénio por habitarem uma planta hospedeira. As bactérias dos géneros *Rhizobium* e *Bradyrhizobium* colonizam os nódulos radiculares das leguminosas (por exemplo, ervilhas, feijão, trevo, alfafa e soja). Existem outras associações simbióticas, mas são menos importantes. *A Anabena azollae*, uma cianobactéria fixadora de azoto, vive nos poros das folhas de um feto aquático chamado *Azolla*. Esta parceria simbiótica é utilizada para enriquecer os campos de arroz com azoto orgânico. Algumas das espécies de Azolla conhecidas são a *Azolla mexicana*, a *Azolla pinnat*, *a*

Azolla caroliniona, a Azolla filiculoides e *a Azolla micropylla.* O método de cultura em massa da Azolla é o seguinte

- As microparcelas (20 $m^{2)}$ são enchidas com água até uma altura de cerca de 10 cm e suplementadas com 4-20 kg P2O5/ha. As parcelas cheias de água, com um pH de cerca de 8,0, são inoculadas *com azola* (0,5 kg/$m^{2)}$ e deixadas a uma temperatura entre 15 e 30°C. A temperatura da *azola* é de 0,5°C. *A temperatura da azola* é de 0,3°C.
- Três semanas mais tarde, o tapete de azolas é colhido e seco para ser utilizado posteriormente como adubo verde.
- Foram identificados dois modos de aplicação nos campos de arroz (Singh, 1979, 1980): a) adição de *azola* ao solo antes da transplantação do arroz, b) aplicação de *azola* após a transplantação do arroz. A utilização de *azola* como fertilizante orgânico nos arrozais pode, em certa medida, compensar a utilização de ureia ou de fosfato de amónio.

O Rhizobium também está presente livremente no solo, mas só fixa N2 quando se encontra nos nódulos radiculares da sua planta hospedeira, num ambiente microaerofílico estritamente controlado. O oxigénio é necessário para gerar energia respiratória suficiente para a fixação de N_2. No entanto, o excesso de oxigénio inativa a nitrogenase. Nos nódulos radiculares, o teor de O2 é regulado por uma hemoglobina especial - a leghemoglobina. A proteína globina é codificada por genes da planta, mas o cofator heme é produzido por bactérias simbióticas. Este só é produzido quando a planta é infetada por *Rhizobium.* As células da raiz da planta transformam os açúcares em ácidos orgânicos, que transmitem aos bacteróides. Em contrapartida, a planta recebe aminoácidos (em vez de amoníaco livre). Certas estirpes de bactérias vivem em certas espécies de plantas. Por exemplo, uma proteína de ligação aos glúcidos (lectina) presente na superfície das células das raízes do trevo (*Trifolium*) liga-se especificamente aos lipopolissacáridos de *Rhizobium trifolii,* que contêm 2-deoxiglucose. As bactérias penetram então e produzem citocinina (uma espécie de hormona vegetal), que estimula as células vegetais a dividir-se e a formar nódulos. As bactérias perdem as suas membranas exteriores e assumem uma forma irregular - os bacteróides.

COMO FUNCIONA A NITROGENASE

A nitrogenase contém duas proteínas, a molibdoferredoxina e a azoferredoxina. Estas devem ser fornecidas com equivalentes redutores por outras proteínas, que variam. Consideramos aqui a nitrogenase da *Klebsiella*, um parente próximo da *E. coli*, em que as proteínas acessórias são a flavodoxina e a piruvato-flavodoxina redutase. Na maioria das bactérias, os electrões são transferidos do NAD(P)H ou do piruvato para a ferredoxina, uma proteína FeS. Em caso de deficiência de ferro, a ferredoxina é substituída pela flavodoxina, uma flavoproteína. Na *Klebsiella* não existe ferredoxina e a flavodoxina (proteína NifF) é utilizada de forma permanente. A azoferredoxina transfere electrões da flavodoxina reduzida (ou ferredoxina) para a molibdoferredoxina. A molibdoferredoxina é um tetrâmero alfa2/beta2. As subunidades alfa e beta são semelhantes mas diferentes e são codificadas pelos genes *nifK* e *nifD*. Cada tetrâmero contém 2Mo e vários grupos FeS. O molibdénio faz parte de um cofator de baixo peso molecular que contém Mo ligado a um aglomerado Fe7S8 e homocitrato. Este cofator MoFe é único para a fixação de azoto e difere do cofator Mo-Pterina de outras proteínas Mo (por exemplo, nitrato redutase, xantina oxidase). A azoferreodoxina é um dímero de subunidades idênticas codificadas *por nifH* e contém um único grupo $Fe_4S_{(4)}$ por dímero. A azoferreodoxina é modificada pela proteína NifM, e a molibdoferreodoxina de um género pode frequentemente interagir com a azoferreodoxina de outro género para formar uma enzima ativa. Existem vários nomes alternativos para estas duas proteínas:

Molibdoferredoxina = componente I, proteína MoFe ou "nitrogenase".

Azoferredoxina = componente II, proteína Fe ou redutase nitrogenada

A nitrogenase não é muito rápida (o número de conversão é de cerca de 50 mol/min por mole de Mo), pelo que cerca de 2 a 5% da proteína celular total é constituída por nitrogenase. + = A reação $N_{2\ 3H(2)\ (2NH(3))}$ liberta energia. No entanto, a energia de ativação necessária para quebrar a ligação tripla N_2 é muito elevada e, na prática, a energia é consumida sob a forma de ATP pela proteína nifH (azoferredoxina). Quando existe um excesso de azoferredoxina, o ATP é desperdiçado. Em *Klebsiella*, as nifHDKs formam um operão que mantém constante a proporção dos componentes (tabelas 7,8,9 & 10).

Quadro 7: Fixação total de N

Type of fixation	N_2 fixed (10^6 metric ton per year)
Non-biological	
Industrial	about 50
Combustion	about 20
Lightning	about 10
Total	about 80
Biological	
Agricultural land	about 90
Forest and non-agricultural land	about 50
Sea	about 35
Total	about 175

Quadro 8: Fixação de N2 por diferentes agentes em arrozais de zonas húmidas

Indigenous	kg N/ha per crop of rice
N_2-fixation associated with rice rhizosphere	1-7
N_2-fixation associated with straw	2-4
Total heterotrophic N_2-fixation	1-31
Cyanobacteria (surface)	0-80
Introduced	**kg N/ha per crop of rice**
Azolla	10-50(fields)
Aquatic legume (Sesbania, Croteralia, Aeschynomene, Indigofera etc.)	20-260

Quadro 9: Taxas de fixação de azoto para algumas culturas agrícolas comuns e árvores florestais

Crops	N_2 fixed, kg/ha/yr
Soybean	14.7-263
Alfalfa (*Medicago sativa*)	229-290
Red clover (*Trifolium pratense*)	154
Bean (*Phaseolus vulgaris*)	10
Pea (*Pisum sativum*)	17-69
Chick Pea	67-141
Acacia mearnsii	200
Gliricidia	13
Leucaena	100-500
Erythrina	60
High potential: *Acacia mangium, Casuarina equisetifolia,*	100-300
Low potential: *Faiderbia albidia, A. senegal*	20
Azolla/Anabaena	70
Casuarina	58, 113, 218 (Various estimates)

(Fonte: Ladha, et al. 1993)

Tabela 10. PGPR (livres) com capacidade de fixar N2

PGPR	Relationship to host	Host crops	References
Azospirillum sp.	Rhizospheric	Maize	De Salamone et al., 1996
		Rice	Malik et al., 1997
		Wheat	Boddey et al., 1986
Azoarcus sp.	Endophytic	kallar grass	Hurek et al., 2002
		Sorghum	Stein et al., 1997
Azotobacter sp.	Rhizospheric	Maize	Pandey et al., 1998
		Wheat	Mrkovacki and Milic, 2001
Bacillus polymyxa	Rhizospheric	Wheat	Omar et al., 1996

Burkholderia sp.	Endophytic	Rice	Baldani et al., 2001
		Rice	Hashem, 2001
Cyanobacteria	Rhizospheric	Wheat	Obreht et al., 1993
Gluconacetobacter	Endophytic	Sorghum	Isopi et al., 1995
Herbaspirillum sp.	Endophytic	Rice	James et al., 2002
		Sorghum	James et al., 1997
		Sugarcane	Pimentel et al., 1991

PROPOSTA DE UM MODELO DE PGPR PARA ACÇÃO NO TERRENO

- As bactérias *Pseudomonas* rhizo, em particular *Pfluorescens, P. putida, P. cepacia e P. Aureofaciens* nas sementes e nas raízes das plantas, conduziram a uma redução das doenças em várias culturas, tais como o míldio e a podridão mole, e a um consequente aumento do crescimento e do rendimento das plantas.
- *Bacillus spp.*, em particular *B. cereus*, oferece um biocontrolo eficaz da doença da asfixia das leguminosas.
- Algumas delas são vendidas comercialmente, *B. subtilis* sob o nome de Kodiak e *P. fluoresecens* sob o nome de Dagger G.
- Todos obtiveram bons resultados em ensaios experimentais.

ABORDAGEM DE MARKETING PGPR

- É necessária mais investigação sobre os factores que influenciam o desempenho desigual dos RMP quando utilizados no terreno.
- Melhorar a sobrevivência e a multiplicação de PGPRs determinando a concentração óptima, o momento e a colocação de inoculantes.
- Melhorar as funções das PGPR através da manipulação da planta hospedeira, dos substratos para as PGPR ou das práticas agronómicas.
- Desenvolvimento de melhores formulações: prazo de validade, compatibilidade com as práticas de aplicação actuais, custo e facilidade de utilização.

CAPÍTULO 4

IMPORTÂNCIA DOS NUTRIENTES PARA A ASSOCIAÇÃO MICORRÍZICA

Segundo Frank (1885), os fungos micorrízicos são abastecidos de compostos de carbono pelos seus hospedeiros e as suas hifas, que penetram no solo, nomeadamente no húmus, contribuem para a absorção de nutrientes por ambos os parceiros simbióticos. Os solos florestais são pobres em nitratos, embora o amónio e os compostos orgânicos de azoto estejam disponíveis para o fornecimento de azoto. A importância das micorrizas para a absorção de compostos de azoto, fósforo e potássio em sistemas simbióticos foi demonstrada em numerosas experiências em trabalhos anteriores (Hatch 1937). A importância do crescimento das hifas como extensão da superfície de absorção foi sublinhada nestas experiências. A primeira prova direta da importância das hifas dos fungos na absorção e transferência de nutrientes para o hospedeiro foi fornecida por Melin e Nilsson (Melin & Nilsson 1958), que relataram a cultura de plântulas de pinheiro em condições axénicas, em que nutrientes isotopicamente marcados, fosfato, amónio, nitrato, glutamato e catiões (sódio e cálcio) foram fornecidos às hifas, que foram então absorvidos e seguidos através da hifa até ao hospedeiro e às folhas. Em experiências semelhantes [((14))], o CO_2 fornecido às folhas foi direcionado para as hifas sob a forma de produtos da fotossíntese, que foram depois translocados para as folhas. A absorção de várias substâncias pelas micorrizas do solo foi ainda investigada e demonstrada utilizando marcadores e outras técnicas modernas em baixas concentrações, tal como esperado no solo. Verificou-se que os factores ambientais que influenciam a absorção de nutrientes são semelhantes aos que influenciam os mecanismos de absorção das plantas, nomeadamente a temperatura, a concentração, a disponibilidade de substrato de carbono, a oxigenação e os inibidores metabólicos (Harley 1989). As micorrizas têm um grande número de ligações hifais com o solo, sob a forma de hifas e filamentos ramificados que se ramificam amplamente no substrato do solo. Em alguns casos, a ramificação abundante está ausente e as hifas são lisas ou têm uma estrutura semelhante a uma espinha na sua superfície. A qualidade do tecido fúngico envolvido na micorriza para a absorção de nutrientes foi descrita em Ericacea (Read & Stribley 1975). tipo vesicular arbustivo (Hepper CM, 1977) e no caso de ectomicorrizas (Harley & McCready 1952). Tal como acontece com a nutrição das plantas, os hidratos de carbono são transportados do hospedeiro para o fungo, e o N, P, K e cálcio são absorvidos pelas hifas do fungo e transportados para a planta hospedeira (Soderstrom et al., 1988). O ATP está presente nas membranas do hospedeiro e do fungo e é ativo na membrana plasmática do hospedeiro (Gianinazzi et al., 1983). A atividade do fosfato ácido foi observada no citoplasma de hifas senescentes do manto e da rede de Hartig (Dexheimer et al., 1986). Em 1986, Ho relatou um aumento da atividade da redutase do nitrato em árvores florestais associadas a fungos micorrízicos. O trabalho de Melin sobre a nutrição de carbono dos fungos micorrízicos, em particular o movimento dos fotossintatos em direção ao fungo, foi apoiado por Nelson (1964). Estes autores registaram uma alteração no padrão de translocação em plântulas de pinheiro micorrizadas em comparação com plântulas não micorrizadas. Doze horas após o início da fotossíntese $^{de\ (14)}CO_{(2)}$, 54% dos produtos marcados tinham sido transferidos para as raízes das plantas micorrizadas. Utilizando plantas micorrízicas de Fagus cortadas, o tecido hospedeiro foi alimentado com ^{14}C-sacarose e verificou-se que esta foi translocada para o tecido fúngico, onde se acumulou em quantidades superiores às que permaneceram no tecido hospedeiro. No fungo, foi transformada em hidratos de carbono fúngicos sob a forma de manitol, trealose e glicogénio, que não são facilmente absorvidos pelo tecido radicular devido à sua insolubilidade em água. O movimento dos hidratos de carbono do hospedeiro para o fungo nas micorrizas vesículo-arbustivas foi estimado e o processo parece ser menos ativo do que nas micorrizas ecto- ou ericóides (Bevege 1975). O P é disponibilizado à micorriza a partir do ortofosfato inorgânico presente no solo. Os fosfatos às vezes hidrolisam os fitatos, que constituem uma grande proporção do fosfato em solos com húmus presentes nas micorrizas ectoides e ericoides. Estas enzimas são mais activas do que as das raízes não micorrízicas, tal como referido por numerosos investigadores (Bartlett e Lewis 1973). A absorção de fosfato em ectomicorrizas mostrou que uma grande quantidade de fosfato é absorvida a partir de baixas concentrações, com cerca de 80-90% sendo acumulada no fungo, mas 10-20% passando para o hospedeiro (Harley 1989). O trabalho sobre a absorção de fosfato pelas micorrizas foi efectuado por muitos outros investigadores (Ling et al., 1975). A absorção de compostos de azoto pelas micorrizas também foi estudada por numerosos investigadores (Read et al., 1973). Foi referido que, em solos eutróficos onde estão presentes nitratos, as plantas micorrízicas não absorvem o azoto tão facilmente como as plantas não micorrízicas ( ), particularmente no caso das plantas vesiculo-arbustivas, que são abundantes nestes solos. Absorvem mais facilmente o amónio e o azoto orgânico do que os outros compostos azotados. As micorrizas ericoides e as micorrizas ectotróficas hidrolisam os compostos azotados insolúveis, que são absorvidos pelas hifas e depois transferidos para o hospedeiro. Smith et al (Smith et al., 1985) referiram que a glutamato desidrogenase e a glutamina sintase estão presentes nas micorrizas. A absorção de azoto e o metabolismo do fosfato nas micorrizas andam de mãos dadas. Além disso, a fixação de azoto nas leguminosas é reforçada pela infeção das raízes por micorrizas (France & Reid 1983). Os diferentes tipos de micorrizas baseiam-se nas suas propriedades particulares e são, por isso, classificados em diferentes categorias. As ectomicorrizas estão bem adaptadas a habitats deficientes em nitratos e absorvem P e compostos de amónio do solo. Têm um forte invólucro fúngico e produzem grandes corpos de frutificação de basidiomicetas, que têm uma elevada necessidade de carbono. É por isso que se encontram em florestas com árvores de grande porte que produzem compostos de carbono suficientes durante a fotossíntese. A forte bainha do fungo aloja uma boa quantidade de nutrientes e compostos de carbono. O VAM está bem adaptado a solos eutróficos e aos compostos de P absorvidos associados ao fungo. Requerem menos carbono e nutrientes e estão geralmente limitadas a pequenas plantas herbáceas. As micorrizas ericoides são adequadas para solos turfosos e húmus que contêm compostos fenólicos e são naturalmente ácidos. Para além do carbono, P e N, o papel dos fungos micorrízicos na nutrição das plantas através da absorção de compostos de zinco, molibdénio, cobre e potássio é altamente benéfico para as árvores florestais e as plantas cultivadas. Foi relatado um aumento da absorção de sulfato de potássio, zinco e estrôncio por certas plantas (Gilmore 1971); compostos de cálcio, magnésio, ferro e potássio foram absorvidos em maiores quantidades por plantas micorrízicas do que por plantas não micorrízicas (Routien & Dawson 1943). Todas estas espécies micorrízicas são úteis em diferentes ecossistemas e podem ser utilizadas como bio-inoculantes para aumentar o crescimento das plantas. Podem ser utilizadas em terras em pousio para as transformar em terras férteis, nomeadamente em terras não cultiváveis. A erosão do solo na Índia é um problema grave, que afecta a camada superficial fértil do solo até uma certa profundidade devido ao escoamento das águas pluviais. Afecta também a produtividade das culturas. Os bio-inoculantes sob a forma de algas azuis-verdes, microrganismos simbióticos e não simbióticos, actinorrizas, micorrizas, etc., devem ser incentivados para que as terras não cultivadas voltem a ser cultivadas.

Na Índia, o trabalho sobre micorrizas começou no início dos anos 60 e o conhecimento da relação simbiótica entre os fungos e as raízes das plantas superiores era ainda escasso nessa altura. Na fase inicial da investigação sobre micorrizas, as ectomicorrizas com várias árvores florestais atraíram a atenção dos micologistas neste país. Várias disciplinas das ciências vegetais estão envolvidas na investigação sobre micorrizas, nomeadamente a micologia, a fitopatologia, a microbiologia, a fisiologia, a ecologia e a silvicultura, bem como outras disciplinas relacionadas. Na Índia, os primeiros trabalhos centraram-se nos solos florestais e nas árvores, com ênfase no papel das micorrizas no desenvolvimento florestal. Os fungos que formam ecto-micorrizas foram isolados de raízes e cultivados em ambientes artificiais. Posteriormente, o trabalho foi alargado a viveiros e foram realizadas experiências para estudar o papel de diferentes práticas de gestão de viveiros, tais como o sombreamento de camas de viveiro, a utilização de biocidas e nutrientes, no desenvolvimento de micorrizas em sementes de viveiro. A endomicorriza tem sido menos estudada do que a ectomicorriza. Muitos fungos formadores de ectomicorrizas pertencem aos basidiomicetos e, na Índia, alguns deles são conhecidos como Amanita, Boletinus, Boletus, Armillaria, Cantharellus, Clitopilus, Clitocybe, Cortinarius, Entolome, Lactarius, Lepiota, paxihus, Russula, Polyporus, etc., todos pertencentes aos himenomicetos. - Rhizopogon e Scleroderma são gastromicetos. Estes fungos são identificados com base nos seus esporóforos. Foram utilizadas várias técnicas para isolar fungos micorrízicos em cultura pura, mas os fungos VAM não podem ser cultivados de forma luxuriante em meios de cultura. Uma descrição detalhada dos fungos micorrízicos e do seu papel na silvicultura foi dada por Bakshi (1974) neste país. Os fungos VAM isolados do ecossistema florestal na Índia incluem vários géneros e espécies, tais como Glomus, etc. Descrições taxonómicas pormenorizadas de fungos que formam ecto-micorrizas em solos florestais e árvores, a distribuição sazonal de alguns géneros de VAM e o seu padrão de distribuição no solo foram também apresentados por Bakshi em 1974. O trabalho realizado neste país sobre fungos micorrízicos em diferentes ecossistemas, particularmente ecossistemas florestais e terras cultivadas, e sobre o seu papel na melhoria do crescimento das plantas é de grande importância.

ASPECTOS ÚTEIS DAS ECTOMICORRIZAS

[a] Melhora a fertilidade do solo

A absorção de azoto, fósforo, potássio, alumínio, ferro, etc. é melhorada. A superfície do sistema radicular é aumentada pela formação de um manto de hifas em torno das raízes por fungos ectomicorrízicos; alguns outros aspectos, por exemplo, a promoção de outra microflora em torno e sobre as raízes para melhorar a mineralização, são também melhorados. por exemplo, a promoção de outra microflora à volta e nas raízes para melhorar a mineralização, o aumento da atividade de enzimas como a fosfatação, a produção de sideróforos que quelatam nutrientes no sistema radicular e disponibilizam ferro ao fungo micorrízico e às plantas hospedeiras, a produção de certos ácidos que favorecem a alteração dos minerais, o aumento da produção de hifas externas no solo e, por conseguinte, o aumento da superfície de absorção das raízes, a decomposição da folhada devido à acumulação maciça de hifas em torno das raízes e no solo, que fornecem às plantas a energia libertada, todos eles de grande importância.

[b] Desenvolvimento da resistência das plantas às doenças

Nas plantas, estes fungos desenvolvem resistência a doenças radiculares, protegendo o sistema radicular da intrusão de agentes patogénicos ou produzindo substâncias tóxicas sob a forma de excreções de hifas. A massa de hifas em torno das raízes provoca antibiose no ambiente do solo, o que resulta na morte do agente patogénico e na proteção das raízes contra ataques. É possível que os microrganismos do solo em torno das raízes compitam por nutrientes, e as hifas bem desenvolvidas em torno das raízes competem com outros micróbios na proximidade das raízes, incluindo os agentes patogénicos, e danificam-nos com êxito. Krishna e Bagyaraj (1983) relataram uma redução na severidade da doença causada por *Sclerotium rolfsii* devido ao glomus. Garrett (1960) salientou que, para além da relação simbiótica, a associação micorrízica também serve para defender o hospedeiro contra agentes patogénicos, e Schenck (1981) também considerou os fungos micorrízicos como um método alternativo de controlo biológico de doenças. Zk (1964) propôs certos mecanismos pelos quais os fungos ecto-micorrízicos podem proteger as plantas contra as doenças, utilizando o excesso de hidratos de carbono nas raízes, que reduzem a quantidade de substâncias químicas que estimulam o(s) agente(s) patogénico(s), criando assim uma barreira física através da formação de um manto de hifas, e segregando substâncias químicas que podem ser inibidoras dos agentes patogénicos, apoiando assim a população microbiana na rizosfera. Os fungos micorrízicos que infectam os bolbos das orquídeas segregam substâncias químicas tóxicas, nomeadamente orquinol, cumarina e compostos fenólicos, em resposta à infeção *por Rhizoctonia repens*. O VAM pode limitar a atividade dos nemátodos e melhorar o crescimento de plantas sem doenças. Na natureza, muitas leguminosas desenvolveram micróbios fixadores de azoto e um sistema simbiótico micorrízico. Em alguns casos, a capacidade de fixação de azoto é reforçada pela associação micorriza-raiz. Há relatos da associação de VAM e Rhizobium com raízes de leguminosas, nomeadamente com fungos micorrízicos como *Gigaspora margarita*, *Scutellospora perssica*, *Glomus fasciculatum* e *Scutelospoora clavispira* (Deal et al., 1988). O efeito da introdução de protoplastos de bactérias fixadoras de azoto em fungos micorrízicos para melhorar a fixação de azoto, como demonstrado por Giles e Whitenhead (1977), requer encorajamento para este tipo de estudo frutífero. Por conseguinte, é necessária uma produção em massa de fungos ectomicorrízicos cultivados para formulação comercial, para que possam ser disponibilizados aos silvicultores. Os laboratórios Abbott e USDA estão a realizar ensaios com certos fungos ectomicorrízicos para este fim (Sharma et al., 1995). Do mesmo modo, a fusão de protoplastos com microrganismos de cultura do solo, inofensivos para o crescimento das plantas, pode ser utilizada para tentar produzir grandes quantidades de fungos VAM, como mostram alguns resultados (Barret et al.,

1986). Uma tentativa frutífera de alargar os estudos sobre micorrizas arbusculares seria estudar a formação de micorrizas arbusculares por inóculos artificiais de raízes, se forem produzidos inóculos suficientes desses fungos em cultura axénica. A integração de trabalhos sobre o efeito das bactérias na infeção micorrízica reforçaria a importância de inóculos duplos para um melhor crescimento das plantas. Os fungos micorrízicos melhoram o crescimento das plantas, aumentando a absorção de nutrientes, a tolerância ao stress, a proteção contra doenças, o ciclo de nutrientes e a biodiversidade. Os fungos VAM protegem o sistema radicular contra os agentes patogénicos das raízes, aumentando a absorção de fósforo. A micorrizosfera do solo influencia o crescimento das plantas. A colonização das raízes por fungos VAM promove a modulação por Rhizobium. A interação entre bactérias dissolventes de fosfato e o VAM aumentou o crescimento das plantas. O VAM tem uma influência significativa na fisiologia do hospedeiro e nas interações biológicas na rizosfera. A população de nemátodos patogénicos é também influenciada pelos fungos VAM. Nos últimos anos, têm sido utilizados produtos químicos como fertilizantes e pesticidas para aumentar a produção agrícola. No entanto, estes produtos químicos têm efeitos negativos no ambiente e em toda a biota, incluindo as águas subterrâneas e os alimentos. É por isso que vários países proibiram a utilização destes produtos químicos não biodegradáveis, incluindo certos pesticidas, herbicidas, insecticidas, etc. Nestas circunstâncias, a utilização de fertilizantes químicos também foi, em certa medida, minimizada, sendo necessário um método alternativo para combater as doenças das plantas e aumentar o rendimento das culturas. A fim de proteger o ecossistema e aumentar a produtividade das culturas, são incentivados os adubos verdes. Este artigo discute o impacto dos fungos micorrízicos na melhoria do crescimento das plantas em termos de absorção de nutrientes e de combate aos agentes patogénicos associados às plantas, que causam graves danos às plantas e ao rendimento das culturas. A micorriza (raiz fúngica) é uma associação simbiótica entre fungos e raízes de plantas que não é patogénica ou é apenas ligeiramente patogénica. Todas as plantas superiores são micorrizadas, incluindo as monocotiledóneas e as dicotiledóneas, as coníferas e certas pteridófitas e briófitas. As micorrizas ectotróficas são conhecidas como as micorrizas caraterísticas das árvores florestais, representadas por vários basidiomicetos, por exemplo as espécies Boletus, Cortinarius, Russula, Tricholoma, etc., em que o fungo se encontra à superfície das raízes e, por vezes, forma uma rede dura. As formas endotrópicas encontram-se, por exemplo, nas orquídeas e nas plantas da família Ericaceae, em que o fungo penetra nas raízes e se limita a certas camadas. No caso das ecto-endomicorrizas, existe uma rede dura, mas o fungo também pode penetrar profundamente nas raízes. Os outros tipos são as pseudomicorrizas, em que o fungo é frequentemente parasita, e as micorrizas vesículo-arbustivas (MVA), em que as hifas penetram nas células da casca, onde se enrolam e ramificam. A micorriza arbuscular é uma forma comum de simbiose em pelo menos 80% dos géneros de plantas superiores, incluindo plantas cultivadas. O cultivo dos fungos que dão origem às micorrizas arbusculares não foi até agora possível em cultura axénica, caso contrário a sua utilização para a associação micorrízica com raízes em grande escala para melhorar o crescimento das plantas por inoculação artificial teria sido mais simples de aproveitar.

A influência de certos fungos micorrízicos é tal que algumas plantas dependem deles para o seu crescimento, por exemplo as orquídeas, e as sementes de certas plantas só germinam se o fungo correto estiver associado a elas. Nas árvores florestais, as micorrizas formam-se com vários fungos diferentes, mas em alguns casos a associação é específica, por exemplo, estirpes do fungo do tipo Rhizoctonia com certas orquídeas, *Armillaria mellea* (vahl ex Fr.) Kummer com uma orquídea japonesa (Gastrodiaelata) (Ainsworth et al., 1963). No entanto, é difícil dar uma definição breve das micorrizas, uma vez que a superfície da raiz e o ambiente abrigam populações de uma multiplicidade de microrganismos, a maioria dos quais se comportam de forma comensal e não simbiótica com as raízes. A disponibilidade de nutrientes no ambiente do solo em torno das raízes varia em resultado da atividade dos fungos micorrízicos e da antibiose que prevalece na superfície da raiz. O fungo e o hospedeiro coexistem durante longos períodos num estado fisiológico, ecológico e reprodutivo ativo, conhecido como simbiose mutualista. A maioria das plantas verdes superiores e um grande número de espécies de fungos participam em sociedades micorrízicas. Harley e Harley (1987) relataram que, na flora britânica, 80% das espécies de angiospermas, 100% das gimnospermas e 70% das pteridófitas são potencialmente micorrízicas. As espécies de fungos que formam micorrizas pertencem a todas as grandes divisões taxonómicas. Cerca de oito géneros e mais de uma centena de espécies de Endogonaceae, que pertencem aos Zygomycetes, são micorrízicos. Pelo menos vinte géneros e várias centenas de espécies de Ascomycetes, pertencentes principalmente às Pezizales, algumas às Helotiales e Elaphomycetales, formam ectomicorrizas em árvores angiospérmicas e gimnospérmicas; pelo menos uma espécie de Hymenoscyphus (Helotiales) forma micorrizas com plantas de Ericaceae. Entre os basidiomicetos, 5.000 ou mais espécies de numerosos géneros de himenomicetos e gastromicetos participam em ecto- e ektendo-micorrizas de angiospérmicas e gimnospérmicas. Entre os deuteromicetos, muitos fungos estéreis, que podem ser ascomicetos e basidiomicetos perfeitamente sãos, formam associações ecto-micorrízicas, por exemplo *Cemococcum geophilum - muito* comum e difundido em muitos hospedeiros; e Oidiodendron griseum, que forma micorrizas ericoides (Couture 1983). De acordo com os conhecimentos adquiridos através da investigação sobre micorrizas, muitas angiospérmicas, gimnospérmicas, pteridófitas, numerosas briófitas e algumas espécies de algas formam simbioses não patogénicas ou mutualistas com um quarto das espécies de fungos conhecidas. Além disso, os líquenes que apresentam uma associação fúngica com algas são cerca de 300 géneros e cerca de 13.000 espécies, os géneros de algas são muito poucos - talvez menos de dez.

De Bary (1887) definiu o mutualismo como um parasitismo em que o parasita e o hospedeiro coabitam e se apoiam mutuamente numa base permanente. Segundo Harley (1989), a definição de De Bary (1887) define-o como um parasitismo em que o parasita e o hospedeiro coabitam e se apoiam mutuamente numa base permanente. Segundo Harley (1989), a definição de De Bary, que se refere simplesmente a uma troca entre simbiontes, não é tão condenável como o termo derivado "benefício mútuo" para a mesma relação. O benefício pode ser avaliado para o hospedeiro ou para o fungo, determinando a vantagem selectiva que obtêm em relação a quaisquer propriedades ou caraterísticas mensuráveis e ao seu modo de vida, e a sua simbiose parece ter conferido uma vantagem selectiva, ou seja, um valor de sobrevivência. Parece existir uma especificidade ecológica na associação micorriza vesicular-arbuscular, que pode ser demonstrada em estufas através da inoculação de plantas com fungos micorrízicos. Na Índia, os trabalhos sobre micorrizas começaram no início dos anos 60, e o conhecimento da relação simbiótica entre os fungos e as raízes das plantas superiores era ainda escasso nessa altura. No início do trabalho sobre micorrizas, as ectomicorrizas com várias árvores florestais atraíram a atenção dos micologistas neste país. Várias disciplinas das ciências vegetais estão envolvidas no estudo das micorrizas, nomeadamente a micologia, a fitopatologia, a microbiologia, a fisiologia, a ecologia e a silvicultura, bem como outras disciplinas relacionadas. Na Índia, os primeiros trabalhos centraram-se nos solos florestais e nas árvores, com ênfase no papel das micorrizas no desenvolvimento florestal. Os fungos responsáveis pelas ecomicorrizas foram isolados de raízes e cultivados em ambientes artificiais. Posteriormente, o trabalho foi alargado a viveiros e foram realizadas experiências para estudar o papel de diferentes práticas de gestão de viveiros, tais como o sombreamento de camas de viveiro, a utilização de biocidas e nutrientes, no desenvolvimento de micorrizas em plântulas de viveiro. A endomicorriza tem sido menos estudada do que a ectomicorriza. Muitos dos fungos que formam ectomicorrizas pertencem aos basidiomicetos e, na Índia, muitos deles são conhecidos como Amanita, Boletinus, Boletus, Armillaria, Cantharellus, Clitopilus, Clitocybe, Cortinarius, Entolome, Lactarius, Lepiota, Paxilhus, Russula, Polyporous, etc., todos eles pertencentes aos himenomicetos. Os fungos de género Rhizopogon e Scleroderma pertencem aos gastromicetos. A identificação destes fungos baseia-se nos esporóforos. Foram utilizadas várias técnicas para isolar fungos micorrízicos em cultura pura, mas os fungos VAM não puderam ser cultivados num meio de cultura de crescimento luxuriante. Uma descrição detalhada dos fungos micorrízicos e do seu papel na silvicultura foi dada por Bakshi (1974) neste país. Entre os fungos VAM isolados do ecossistema florestal na Índia encontram-se vários géneros e espécies, tais como Golmus.

CAPÍTULO 5

CONCLUSÃO

Ao aplicar esta técnica de cura, o solo deve ser considerado como um bioreactor, apoiado pelo desenvolvimento técnico da rizosfera. A difusão destas técnicas em grande escala dependerá, portanto, dos seguintes factores

[A] a coerência do processo, que ainda tem de ser determinada no terreno,

[B] Implementação simples, como as sementes de leguminosas revestidas com micróbios, normalmente utilizadas na agricultura,

[C] A capacidade de remediar o solo contaminado com várias substâncias tóxicas, tais como poluentes inorgânicos e orgânicos,

[D] O valor económico da tecnologia de saneamento através de plantas suportadas por microrganismos

REFERÊNCIAS

Aafi NE, Brhada F, Dary M, Maltouf AF, Pajuelo E (2012). Rizostabilização de metais em solos usando *Lupinus luteus* inoculado com a *rizobactéria* resistente a metais *Serratia* sp. MSMC 541. Intl J Phytoreme, 14: 261-74.

Abou-Shanab RAI, Angle JS, Chaney RL (2006). Inoculantes bacterianos que influenciam a absorção de níquel por *Alyssum murale* em solos com baixo, médio e alto teor de Ni. Soil Biol. Biochem. 38 : 2882-2889.

Ainsworth GC. (1963). Ainsworth & Bisby's dictionary of the fungi (5th Edition). CMI, Kew, Surrey, pp.519 + Placas XIV.

Amaraneni SR (2006). Distribuição de pesticidas, PAHs e metais pesados em tanques de camarão perto da zona húmida do lago Kolleru, Índia. Environ. Intl. 32: 294-302.

Arwidsson Z, Johansson E, von Kronhelm T, Allard B, van Hees P (2010). Remediação de solos contaminados com metais por metabolitos orgânicos derivados da produção de ácidos orgânicos por fungos. Water Air Soil Pollut, 205 : 215-26.

Azcon R, Peralvarez MDC, Roldan A, Barea JM (2010). Os fungos micorrízicos arbusculares, *Bacillus cereus* e *Candida parapsilosis* num solo poliglota reduzem a toxicidade dos metais nas plantas. Microb. Ecol. 59 : 668-77.

Babu AG, Reddy S (2011). A inoculação dupla de fungos micorrízicos arbusculares e fungos fosfatados contribui para a manutenção sustentável da saúde das plantas em tanques de cinzas volantes. Water Air Soil Pollut, 219: 3-10.

Baker AJM, McGrath SP, Reeves RD, Smith JAC (2000). Metal Hyperaccumulating Plants: A Review of the Ecology and Physiology of a Biological Resource for Phytoremediation of Metal-polluted Soils. Lewis Publishing, Boca Raton, FL.

Bakshi BK. (1974). As micorrizas e o seu papel na silvicultura. Relatório do Projeto PL 480. F.RI e Colégio. Dehradun. 89.

Baldani VLD, Baldani JI, Dobereiner J. (2000) Inoculação de plantas de arroz com os diazotrofos endofíticos *Herbaspirillum seropedicae* e *Burkholderia* spp. Soil Biology and Fertility 30: 485-491.

Barac T, Taghavi S, Borremans B, Provoost A, Oeyen L, Colpaert JV, Vangronsveld J, van der Lelie D (2004). Bactérias endofíticas produzidas artificialmente melhoram a fitorremediação de poluentes orgânicos voláteis solúveis em água. Nature and Biotechnol, 22 : 583-588.

Barona A, Aranguiz I, Elias A (2001). Associações de metais em solos antes e depois da descontaminação extractiva com EDTA: efeitos sobre a eficácia de outros métodos de descontaminação. Environ. Pollu. 113: 79-85.

Barret V, Lemke PA, Dixon RK. (1989). Appl. Micro. Biotech, 30 : 381.

Bartlett EM, Lewis DH (1973). Soil Biol. & Biochem, 5: 249.

Baum C, Hrynkiewicz K, Leinweber P, Meissner R (2006). Mobilização e absorção de metais pesados por salgueiros *micorrizados* e não micorrizados (*Salix dasyclados*). J Plant Nut. Soil Sci. 169: 516-522.

Beolchini F, Dell'Anno A, Propris LD, Ubaldini S, Cerrone F, Danovaro R (2009). As bactérias acidófilas autotróficas e heterotróficas melhoram a eficiência da biodegradação de sedimentos contaminados com metais pesados. Chemosphere, 74 : 1321-6.

Bevege DL, Bowen GD, Skinner MF (1975). In: Endomycorrhizae, (Sndeers FE, Mosse B & Tinker PB eds), Acad. Press London & New York, 149.

Bi YL, Li XL, Christie P (2003a). Influência das fases iniciais da micorrização arbuscular na absorção de zinco e fósforo pelo trevo vermelho de solo pobre em fósforo enriquecido com zinco e fósforo. Chemosphere, 50: 831-837.

Boddey RM, Baldani VLD, Baldani JL, Dobereiner J (1986). Efeito da inoculação de *Azospirillium* spp. na acumulação de azoto pelo trigo cultivado no campo. Pflanze und Boden 95:109-121.

Bossier P, Hofte M, Verstraete W (1988). Importância ecológica dos sideróforos no solo. Adv. microbiol. ecol. 10: 385-414.

Bouwman LA, Bloem J, Romkens PFAM, Japenga J (2005). A adição de EDGA a solos ligeiramente poluídos com metais pesados influencia a solubilidade dos metais pesados, o crescimento das plantas e os nemátodos *microbívoros*, mas não as bactérias e os nemátodos fitófagos. Soil Biol. Biochem. 37 : 271-278.

Braud A, Jezequel K, Bazot S, Lebeau T (2009b). Melhoria da fitoextracção de solos agrícolas contaminados por Cr, Hg e Pb através da bioaumentação com bactérias produtoras de sideróforos. Chemosphere, 74 : 280-6.

Braud A, Jezequel K, Vieille E, Tritter A, Lebeau T (2006b). Modificações da extractibilidade do Cr e do Pb num solo politaminado após bioaumentação com produtores microbianos de biossurfactantes, ácidos orgânicos e sideróforos. Water, Air and Soil Pollu, 6: 261-279.

Bubb JM, Rudd T, Lester JN (1991). Distribution of heavy metals in the River Yare and its tributaries II. Cobre e cádmio. Sci. Tot. Environ, 102: 169-188.

Cao A, Carucci A, Lai T, La Colla P, Tamburini E (2007). Efeito de agentes quelantes biodegradáveis na fitoextracção de metais pesados com *Mirabilis jalapa* e bactérias associadas. Europ. J Soil Biol. 43: 200-206.

Carlot M, Giacomini A, Casella S (2002). Aspectos das interações entre plantas e micróbios em solos poluídos por metais pesados. Ata Biotechno, 22: 13-20.

Chatterjee S, Sau GB, Mukherjee SK (2009). Promoção do crescimento das plantas por uma estirpe bacteriana redutora de crómio hexavalente, Cellulosimicrobium cellulans KUCr3. World J Microbiol. Biotechnol. 25:1829-36.

Chen B, Shen H, Li X, Feng G, Christie P (2004a). Efeitos da aplicação de EDTA e da colonização micorrízica arbuscular no crescimento e na absorção de zinco pelo milho (*Zea mays* L.) em solos experimentalmente contaminados com zinco. Plant and Soil, 261 : 219-229.

Chen BD, Li X, Tao HQ, Christie P, Wong MH (2003). O papel das micorrizas arbusculares na absorção de zinco pelo trevo vermelho que cresce em solo calcário enriquecido com diferentes quantidades de zinco. Chemosphere, 50 : 839-846.

Chen SY, Lin JG (2001). Efeito da concentração de substrato na bio-sucção de sedimentos contaminados com metais. J Hazard Mater, 82: 77-89.

Chen YX, Wang YP, Lin Q, Luo YM (2005). Efeito de bactérias rizosféricas tolerantes ao cobre na mobilidade do cobre no solo e na acumulação de cobre por *Elsholtzia splendens*. Environ. Intl. 31: 861-866.

Citterio S, Prato N, Fumagalli P, Aina R, Massa N, Santagostino A, Sgorbati S, Berta G (2005). O fungo micorrízico arbuscular *Glomus mosseae* induz alterações no crescimento e na acumulação de metais em *Cannabis sativa* L. Chemosphere, 59 : 21-29.

Couture M, Fortin JA, Dalp Y. (1983). New Phytol, 95 : 375.

De Barry (1987). Comparative morphology and biology of the fungi, mycetozoa and bacteria (Eng. Trans. by Garnsey HEF & Rev. Balfour JB), Clarendon Press, Oxford.

Dela C, Manalo RE, Aggansen MQ, Tambalo NS. (1988). Planta e Solo. 108 : 111.

Dexheimer J, Aubert-Duffresne MP, Gerrd J, Tacon F Le & Mousain D. (1986). Lettres Botaniques, 113 : 343.

Di Gregorio S, Barbafieri M, Lampis S, Sanangelantoni AM, Tassi E, Vallini G (2006). Utilização combinada de Triton X-100 e inóculo de Sinorhizobium sp. Pb002 para melhorar a fitoextracção de chumbo por *Brassica juncea* em solo enriquecido com EDTA. Chemosphere, 63: 293-299.

Di Gregorio S, Lampis S, Vallini G (2011). Precipitação de selenito por uma estirpe rizosférica de *Stenotrophomonas* sp isolada do sistema radicular de *Astragalus bisulcatus*: uma alteração biotecnológica e da comunidade microbiana em rizosferas de arroz afectadas por sulfuretos. Molecules, 16:1409-17.

Di Simine CD, Sayer JA, Gadd GM (1998). Solubilização de fosfato de zinco por uma estirpe de *Pseudomonas fluorescens* isolada de um solo florestal. Biol. ferti. Soils, 28: 8794.

Dickinson NM, Pulford ID (2005). Fitoextracção de cádmio por plantações de curta rotação (*Salix)*: o caminho para a prova. Environ. Intl, 31: 609-613.

Diels L, De Smet M, Hooyberghs L, Corbisier P (1999). Bioremediação de metais pesados no solo. Mole. Biotechnol, 12: 154-158.

Diels L, van der Lelie N, Bastiaens L (2002). Novos desenvolvimentos no tratamento de solos poluídos por metais pesados. Rev. Environ. Sci Biotechnol, 1: 75-82.

Dimkpa CO, Merten D, Svatos A, Buchel G, Kothe E (2009a). Os sideróforos medeiam a redução ou o aumento da absorção de cádmio por *Streptomyces tendae* F4 e girassol (*Helianthus annuus*). J Appl. Microbiol, 107 : 1687-96.

Dimkpa CO, Merten D, Svatos A, Buchel G, Kothe E (2009b). O stress oxidativo induzido por metais que afecta o crescimento das plantas em solos contaminados é atenuado por sideróforos microbianos. Soil Biol Biochem, 41: 154-62.

Dimkpa CO, Svatos A, Merten D, Buchel G, Kothe E (2008). Hydroxamate siderophores produced by *Streptomyces acidiscabies* E13 bind nickel and promote growth of cowpea (*Vigna unguiculata* L.) under nickel stress. Can. J Microbiol. 54: 163-72.

Dubbin WE, Louise Ander E (2003). Influência dos sideróforos hidroxamatos microbianos na dessorção de Pb(II) de a-FeOOH. Appl. Geochem. 18 : 1751-1756.

Duijff BJ, Bakker PAHM, Schippers B (1991). Influência da pseudobactina 358 na nutrição de ferro nas plantas. In: Sexto simpósio internacional sobre ferro.

Duss F, Mozafar A, Oertli JJ, Jaeggi W (1986). Efeito das bactérias na absorção de ferro por raízes axénicas de tomates eficientes e ineficientes em termos de Fe (*Lycopersicon esculentum* Mill.). J Plant Nut, 9: 587-598.

Dwivedi, R.S., R.C. Dubey e S.K. Dwivedi (1989). In: Plant Microbe Interaction (Ed. Bilgrami, K.S.), ISCA Symposium, 1987, Narendra publishing House, Delhi, p. 217.

El-Kherbawy M, Angle JS, Heggo A, Chaney RL (1989). Effects of soil pH, rhizobia and vesicular-arbuscular mycorrhizal inoculation on growth and heavy metal uptake by alfalfa (*Medicago sativa* L.). Biol. Fert. Soils, 8: 61-65.

Fasim F, Ahmed N, Parsons R, Gadd GM (2003). Solubilidade de sais de zinco por bactérias isoladas do ar de curtumes. FEMS Microbiol. Lett. 213 : 1-6.

Fomina MA, Alexander IJ, Hillier S, Gadd GM (2004). Solubilização de fosfato de zinco e piromorfite por fungos simbióticos do solo de origem vegetal. Geomicrobiol. J, 21 : 351-66.

França RC, Reid CP (1983). Can J Bot, 61: 964.

Frank AB (1885). Relatório da Sociedade Botânica Alemã, 3: 128.

Gadd GM (2000). The biomedical potential of microbial metal mobilization and immobilization mechanisms (O potencial biomédico dos mecanismos microbianos de mobilização e imobilização de metais). Curr. Opin. Biotechnol, 11 : 271-9.

Garrett SD. (1960). Biology of root infecting fungi, Cambridge Unuv. Press. Cambridge.

Gaur AC, Algawadi AR (1989). In: Plant Microbe Interactions (ed. Bilgrami, K.S.), ISCA symposium, 1987, Narendran Publishing House, Delhi, p.35.

Gianinazzi S, Dexheimer J, Gianinazzi-pearson V, Marx C (1983). Planta e Solo, 71 : 211.

Giles KL, Whitehead HCM (1977). Planta e solo, 48: 143.

Gilmore AE. (1971). J Amer Soc Hor Sci, 96 : 35.

Glick BR (2003). Fito-remediação: utilização sinérgica de plantas e bactérias para a reabilitação ambiental. Biotechnol. Adv. 21: 383-393.

Gohre V, Paszkowski U (2006). Contribuição da simbiose micorrízica para a fitorremediação de metais pesados. Planta, 223 : 1115-22.

Gonzalez-Chavez MC, Carrillo-Gonzalez R, Wright SF, Nichols KA (2004). O papel da glomalina, uma proteína produzida por fungos micorrízicos arbusculares, no sequestro de elementos potencialmente tóxicos. Environ. Pollut. 130: 317-23.

Guo Y, George E, Marschner H (1996). Contribuição de um fungo micorrízico arbustivo para a absorção de cádmio e níquel em plantas de feijão e milho. Plant and Soil, 184 : 195-205.

Haas D, Keel, C. (2003). Regulação da produção de antibióticos em *Pseudomonas* spp. colonizadoras de raízes e significado para o controlo biológico de doenças de plantas. Annu. Rev. Phytopathol. 79 : 117-153.

Harley JL Harley EL (1987). New Phytol (Suplemento), 105.

Harley JL McCready CC (1952). New Phytol, 51 : 56.

Harley JL (1989). Mycol. Res. 92(2): 129.

Hashem MA (2001). Problemas e perspectivas dos biofertilizantes de cianobactérias para a cultura do arroz. Aust. J Plant Physiol. 28: 881- 888.

Hatch AB (1937). Boletim Florestal de Black Rock, 6: 1.

Heggo A, Angle JS, Chaney RL (1990). Effects of arbuscular vesicular mycorrhizal fungi on heavy metal uptake by soybean seeds. Soil Biol. Biochemistry, 22: 856-869.

Hepper M (1977). Soil Biol. & Biochem, 9 : 15.

Herman D, Artiola J, Miller R (1995). Remoção de cádmio, chumbo e zinco do solo por um biotensioactivo ramno-lipídico. Environ. Sci. Technol. 29 : 2280-2285.

Ho I (1986). Can J Forest Res, 17 : 31.

Hoberg E, Marschner P, Lieberei R (2005). Excreção de ácidos orgânicos e alterações de pH por *Gordonia* sp. e *Pseudomonas fluorescens* que crescem com P adsorvido em goethite. Microbiol. Res. 160: 177-87.

Hoflich G, Wiehe W, Kuhn G (1994). Estimulação do crescimento das plantas através da inoculação de microrganismos simbióticos e associados da rizosfera. Experientia, 50.

Hofte M, Buysens S, Koedam N, Cornelis P (1993). O zinco influencia os sistemas de absorção de ferro de alta afinidade mediados por sideróforos na rizosfera *de Pseudomonas aeruginosa* 7NSK2. BioMetals, 6: 85-91.

Hrynkiewicz K, Dabrowska G, Baum C, Niedojadlo K, Leinweber P (2012). Efeitos interactivos e individuais da formação de ectomicorrizas e *Bacillus cereus* na expressão de metalotioneína mt1 e fitoextracção de Cd e Zn por salgueiros. Water Air Soil Pollut, 223 : 957-68.

http://en.wikipedia.org/wiki/Image.jpg

Hurek T, Handley LL, Reinhold-Hurek B, Piche Y. (2002). Os endófitos de gramíneas Azoarcus contribuem com azoto sólido para a planta num estado não cultivável. Mol. PlantMicrobe Interact, 15 : 233-242.

Idris R, Trifonova R, Puschenreiter M, Wenzel WW, Sessitsch A (2004). Comunidades bacterianas associadas a plantas com flores do hiperacumulador de Ni *Thlaspi goesingense*. App. Environ. Microbiol. 70 : 2667-2677.

Isopi R, Fabbri P, del Gallo M, Puppi G. (1995). Dupla inoculação de *Sorghum bicolor* (L.) Moench ssp. *bicolor* com micorrizas vesiculares arbusculares e *Acetobacter diazotrophicus*. Symbiose, 18: 43-55.

James EK, Olivares FL, Baldani JI , Dobereiner J. (1997). Herbaspirillum, um diazotrófico endofítico que coloniza os tecidos vasculares das folhas de *Sorghum bicolor* L. Moench. J Exp. Bot. 48: 785-797.

James EK, Gyaneshwar P, Mathan PN, Barraquio WL, Reddy PM, Iannetta PP, Olivares FL, Ladha JK (2002). Infeção e colonização de plântulas de arroz pela bactéria promotora do crescimento de plantas *Herbaspirillum seropedicae* Z67. Molec. Plant-Microbe Interact.15: 894-906.

Joner EJ, Leyval C (1997). Absorção de 109Cd por raízes e hifas de uma micorriza *Glomus mosseae/Trifolium subterraneum* de um solo alterado com concentrações altas e baixas. New Phytolo, 135 : 353-360.

Joshi PM, Juwarkar AA (2009). Estudos in vivo para clarificar o papel das substâncias poliméricas extracelulares de Azotobacter na imobilização de metais pesados. Environ. Sci. Technol. 43 : 5884-9.

Jurkevitch E, Hadar Y, Chen Y (1988). Envolvimento de sideróforos bacterianos no tratamento da clorose induzida por cal no amendoim. Soil Sci. Soc. Amer. J., 52 : 1032-1037.

Juwarkar AA, Nair A, Dubey KV, Singh SK, Devotta S (2007). Tecnologia de biossurfactantes para a descontaminação de solos contaminados com cádmio e chumbo. Chemosphere, 10: 1996-2002.

Kayser G, Korckritz T, Markert B (2001). Bio-sucção para a descontaminação de metais pesados. Eau et sol, 53: 54-58.

Khan AG (2006). Remediação por micorrizas - uma forma melhorada de fitorremediação. J. Zhejiang University e Science B., 7: 503-514.

Khan AG, Kuek C, Chaudhry TM, Khoo CS, Hayes WJ (2000). O papel das plantas, micorrizas e fitoqueladores na descontaminação de solos contaminados com metais pesados. Chemosphere, 41 : 197-207.

Khan MS, Zaidi A, Wani PA, Oves M (2009). O papel das rizobactérias promotoras do crescimento das plantas na descontaminação de solos contaminados com metais.

Environ. Chem. 7: 119.

Kidd P, Barcelo J, Bernal MP, Navari-Izzo F, Poschenrieder C, Shilev S et al (2009). The behaviour of trace elements at the root-soil interface: implications for phytoremediation. Environ. Exp. Bot. 67: 243-59.

Kloepper JW, Leong J, Teintze M, Schroth MN(1980). Aumento do crescimento das plantas por sideróforos produzidos por rizobactérias promotoras do crescimento das plantas. Nature, 286: 885-886.

Krishna KR, Bagyaraj DJ (1983). Can. J Bot. 61: 23-49.

Kuiper I, Lagendijk EL, Bloemberg GV, Lugtenberg BJJ (2004). Rhizoremediation: a useful interaction between plant and microbe. Mol. Pla. Micr. 17 : 6-15.

Ladha JK, Reddy PM (1993). Extensão da fixação de azoto ao arroz: necessidade e possibilidades. Geo. J, 35 : 363-372.

Lasat MM (2002). Fitoextracção de metais tóxicos: uma visão geral dos mecanismos biológicos. J Environ. Qual. 31 : 109-120.

Leung HM, Ye ZH, Wong MH (2006). Interações de fungos micorrízicos com *Pteris vittata* (hiperacumulador de As) em solos contaminados com As. Environ. Poll, 139 : 1-8.

Li WC, Ye ZH, Wong MH (2010). Mobilização de metais e produção de ácidos orgânicos de cadeia curta por bactérias da rizosfera em associação com uma planta hiperacumuladora de Cd/Zn. *Sedum alfredii*. Solo vegetal, 326: 453-67.

Liao JP, Lin XG, Cao ZH, Shi YQ, Wong MH (2003). Interações entre micorrizas arbusculares e metais pesados em experiências de cultura em areia. Chemosphere, 50 : 847-853.

Ling Lee M, Chilvers GA, Ashford AE. (1975). New Phytol, 551.

Lombi E, Zhao FJ, Dunham SJ, Mcgrath SP (2001). Fitorremediação de solos contaminados com metais pesados: hiperacumulação natural versus fitoextracção quimicamente melhorada. J Environ. Qual. 30 : 1916-1926.

Lopez ML, Peralta-Videa JR, Benitez T, Gardea-Torresdey JL (2005). Aumento da absorção de chumbo pela luzerna (*Medicago sativa*) utilizando EDTA e um estimulador de crescimento vegetal. Chemosphere, 61: 595-98.

Ma Y, Prasad MNV, Rajkumar M, Freitas H (2011a). Rizobactérias e endófitos promotores do crescimento de plantas aceleram a fitorremediação de solos contendo metais. Biotechnol, Adv. 29 : 248-58.

Madhaiyan M, Poonguzhali S, Sa T (2007). As bactérias metilotróficas tolerantes aos metais reduzem a toxicidade do níquel e do cádmio e promovem o crescimento das plantas de tomate (*Lycopersicon esculentum* L.). Chemosphere, 69 : 220-8.

Majewska M, Kurek E (2005). Influência da atividade microbiana nos processos de absorção/dessorção de Cd em solos poluídos por diferentes fontes de Cd. Geo. Res. 7: 04332.

Malcova R, Vosatka M, Gryndler M (2003). Efeitos da inoculação com *Glomus intraradices* na absorção de chumbo por *Zea mays* L. e *Agrostis capillaris* L. Appl. Soil Ecol. 23 : 55-67.

Malik KA, Rakhshanda B, Mehnaz SG, Rasul MS, Mirza S, Ali (1997). Associação de rizobactérias fixadoras de azoto promotoras do crescimento das plantas (PGPR) com o capim-amargoso e o arroz. Plant Soil, 194 : 37-44.

Martino E, Perotto S, Parsons R, Gadd GM (2003). Solubilização de compostos inorgânicos insolúveis de zinco por fungos micorrízicos ericoides de sítios poluídos por metais pesados. Soil Biol. Biochem. 35 : 133-41.

McGrath SP, Zhao J, Lombi E (2002). Fitorremediação de metais, metalóides e radionuclídeos. In: Advances in Agronomy. Academic Press, p. 1-56.

Meharg AA (2003). A base mecanicista das interações entre associações micorrízicas e catiões metálicos tóxicos. Mycol. Res. 107: 1253-65.

Melin E, Nilsson H (1958). Botaniska Notiser, 111: 251.

Miransari M (2011). Hyperaccumulators, arbuscular mycorrhizal fungi and heavy metal stress. Biotechnol. adv. 29: 645-53.

Mrkovacki N, Mezei S, Cacic N. (2001). Dinâmica populacional de Azotobacter chroococcum na rizosfera da beterraba sacarina em função da mineralização. Zbornik Matice srpske za prirodne nauke, 104 : 91 - 97.

Mulligan CN, Yong RN, Gibbs BF (2001b). Tecnologias de remediação para solos e águas subterrâneas contaminados com metais: uma avaliação. Engi. Geol. 60: 193-207.

Mulligan CN, Yong RN, Gibbs BF, James S, Bennett HPJ (1999). Remoção de metais de solos e sedimentos contaminados por biossurfactantes de surfactina. Environ. Sci. Technol. 33 : 3812-3820.

Nelson CD (1964). In: Formation of wood in forest trees, (Zimmerman MH ed.),Nova Iorque, Maria Moors Cabot Foundation, 235.

Nguyen HL, Leermakers M, Elskens M, De Ridder F, Doan TH, Baeyens W (2005). Correlações, distribuição e bioacumulação de metais pesados entre diferentes compartimentos do lago Balaton. Sci. Total Environment, 341 : 211-226.

O'Sullivan DJ, O'Gara F (1992). Caraterísticas de Pseudomonas spp. fluorescentes envolvidas na supressão de agentes patogénicos das raízes das plantas. Microbiol. Rev. 56: 662-676.

Obreht ZN, Kerby W, Gantar M, Rowell P (1993). Effect of root-associated N2-fixing cyanobacteria on growth and nitrogen content of wheat (*Triticum vulgare*) seedlings. Biol. Fert. Soils, 15: 68-72.

Omar MNA, Mahrous NM, Hamouda AM (1996). Avaliação da eficácia da inoculação de alguns diazatrofos no rendimento e teor de proteínas de 3 variedades de trigo sob fertilização azotada escalonada. Ann. Agric. Sci. 41: 579-590.

Pandey A, Palni LMS. (1998). Isolamento *de Pseudomonas corrugate* de Sikkim, Himalaya. World J Microbiol. Biotec, 14 (3): 411-413.

Pimentel JP, Olivares F, Pitard RM, Urquiaga S, Akiba FD, Bereiner J (1991). Fixação de nitrogénio e infeção de folhas de gramíneas por *Pseudomonas rubrisubalbicans* e *Herbaspirillum seropedicae.* Plant Soil, 137: 61-65.

Rajkumar M, Ae N, Prasad MNV, Freitas H (2012). Potencial das bactérias produtoras de sideróforos para melhorar a fitoextracção de metais pesados. Trends Biotechnol, 28: 142-9.

Read DJ, Stribley DP (1973). Nature, Londres, 244 : 81.

Read DJ, Stribley DP (1975). In: Endomycorrhzas, (Sanders FE, Mosse B & Tinker PB eds.), Acad, Press London & New York, 105.

Rewari RB (1985). Resumo dos resultados dos exames microbiológicos. All India Coordinated Research Project on Improvement of Pulses, ICAR, New Delhi.

Romkens P, Bouwman L, Japenga J, Draaisma C (2002). Opportunities and drawbacks of Charlotte-enhanced phytoremediation of soils. Environ. Poll, 116: 109-121.

Rooutien AE (1971). J Amer. Soc. Hort. Sci, 96: 35.

Santschi PH, Lenhart JJ, Honeyman BD (1997). Processos heterogéneos que influenciam a distribuição de poluentes vestigiais nos estuários: o papel das substâncias orgânicas naturais. Marine Chem, 58: 99-125.

Saravanan VS, Madhaiyan M, Thangaraju M (2007). Solubilização de compostos de zinco que promovem o crescimento das plantas pela bactéria diazotrófica *Gluconacetobacter diazotrophicus*. Chemosphere, 66 : 1794-8.

Schenck NC (1981). Plant Dis, 65 : 20.

Sharma A, Johri BN (2003a). Controlo da deficiência de ferro por uma estirpe fluorescente de Pseudomonas GRP3A promotora do crescimento de plantas em feijão-mungo (*Vigna radiata* L. Wilzeck). Microbiol. Res. 158.

Sharma A, Johri BN (2003b). Influência no crescimento das estirpes GRP3A e PRS9 de Pseudomonas produtoras de sideróforos no milho (*Zea mays* L.) em condições de limitação de ferro. Microbiol. Res. 158 : 243-248.

Sharma S, Madan M, Vasudevan P (1995). In : Proc.Nat. Acad. Sci. India, LXV, Sec B(IV) 345.

Shen ZG, Li XD, Wang CC, Chen HM, Chua H (2002). Fitoextracção de chumbo de solos contaminados com espécies vegetais de elevada biomassa. J Environ. Qual. 31 : 1893-1900.

Sheng X, He L, Wang Q, Ye H, Jiang C (2008a). Efeitos da inoculação do produtor biotensioactivo *Bacillus* sp. J119 no crescimento das plantas e na absorção de cádmio em solo enriquecido com cádmio. J Hazard Mater, 155: 17-22.

Sheng XF, Xia JJ (2006). Melhoria do crescimento das plantas e da absorção de cádmio da colza (*Brassica napus*) por bactérias resistentes ao cádmio. Chemosphere, 64 : 1036-1042.

Shi JY, Lin HR, Yuan XF, Chen XC, Shen CF, Chen YX (2011). Aumento da disponibilidade de cobre e mudanças na comunidade microbiana em rizosferas de arroz sob a influência do enxofre. Molecules, 16: 1409-17.

Singh PK (1979). In: Nitrogen and rice, IRRI, Filipinas, p. 407.

Singh PK (1980). Curr. Sci, 49: 155.

Smith SE, John BJ, Smith FA, Nicholas DJD (1985). New Phytol. 99 : 211.

Soderstrom B, Finlay RD, Read DJ (1988). New Phytol, 109 : 163.

Stein T, Hayen-Schneg N, Fendrik I (1997). Contribuição da FBN por *Azoarcus* sp. BH72 em *Sorghum vulgare*. Soil Biol. Biochem. 29: 969-971.

SubbaRao NS (1982). In: Advances in Agriculture Microbiology (ed. SubbaRao, N.S.), Oxford and IBH Pub. Co, New Delhi, p.219.

Tripathi M, Munot HP, Shouche Y, Meyer JM, Goel R (2005). Isolamento e caraterização funcional de *Pseudomonasputida* KNP9, produtora de sideróforos, resistente ao chumbo e ao cádmio. Curr. Microbiol. 50 : 233-7.

Van Aken B, Yoon JM, Schnoor JL (2004). Biodegradação dos explosivos nitro-substituídos TNT, RDX e HMX por uma Methylobacterium sp. fitossimbiótica em associação com tecidos de choupo (*Populus deltoides* -nigra DN34). Appl. Environ. Microbiol. 70 : 508-517.

Venkataraman GS (1972). In: algal biofertilizers and rice cultivation, Today and

Tomorrow Printers and publishers, New Delhi.

Venkatesh NM, Vedaraman N (2012). Remediação de solo contaminado com cobre com ramnolípidos produzidos por *Pseudomonas aeruginosa* MTCC 2297 utilizando óleo de farelo de arroz frito. Annl. Microbiol. 62: 85-91.

visionlearning.com

Vivas A, Voros I, Biro B, Barea JM, Ruiz-Lozano JM, Azcon R (2003). Efeitos positivos do *Glomus mosseae* nativo tolerante ao Cd e sensível ao Cd em combinação com uma estirpe adaptada ao Cd de *Brevibacillus* sp. na melhoria da tolerância das plantas à contaminação por Cd. Appl. Soil Ecol, 24: 177-86.

Wang FY, Lin XG, Yin R (2007b). O papel da inoculação microbiana e do quitosano na fitoextracção de Cu, Zn, Pb e Cd por *Elsholtzia* splendense - um ensaio de campo. Enviro. 147: 248-255.

Whiting SN, de Souza MP, Terry N (2001). Bactérias da rizosfera mobilizam Zn para hiperacumulação por *Thlaspi caerulescens*. Enviro. Sci. Technol. 35 : 3144-3150.

Wu QT, Deng JC, Long XX, Morel JL, Schwartz C (2006). Seleção de aditivos orgânicos adequados para melhorar a fitoextracção de Zn e Cd por hiperacumulação. J Environ. Sci. 18: 1113-1118.

Wu SC, Luo YM, Cheung KC, Wong MH (2006b). Influência das bactérias na especiação, mobilidade e biodisponibilidade de Pb e Zn no solo: um estudo laboratorial. Environ. Poll. 144.

Yang Q, Tu S, Wang G, Liao X, Yan X (2012). Eficácia da aplicação de bactérias redutoras de arsénio para melhorar a remoção de arsénio de solos poluídos por *Pteris vittata* L. Intl. J Phyto. 14 : 89-99.

Zaidi S, Usmani S, Singh BR, Musarrat J (2006). Importância da estirpe SJ-101 de

Bacillus subtilis como bioinoculante para promover simultaneamente o crescimento das plantas e a acumulação de níquel em *Brassica juncea*. Chemosphere, 64 : 991-997.

Zak B (1964). Rev. Anual de Fitopatologia, 2: 377.

Zarei M, König S, Hempel S, Nekouei MK, Savaghebi G, Buscot F (2008). Estrutura da comunidade de fungos micorrízicos arbusculares associados a *Veronica rechingeri* na região mineira de zinco e chumbo de Anguran. Environ Pollut, 156: 1277-83.

Zhuang X, Chen J, Shim H, Bai Z (2007). Novos avanços em rizobactérias promotoras do crescimento de plantas para bioremediação. Environ. Intl. 33: 406-413.

MIX
Papier aus verantwortungsvollen Quellen
Paper from responsible sources
FSC® C105338

Printed by Books on Demand GmbH, Norderstedt / Germany